U0180033

一日一花

平淡、如常
又崭新的每一天

红茶 — 著

北京大学出版社
PEKING UNIVERSITY PRESS

图书在版编目（CIP）数据

平淡、如常又崭新的每一天：一日一花 / 红茶著. — 北京：北京大学出版社,2020.6

（沙发图书馆）

ISBN 978-7-301-31126-4

Ⅰ. ①平… Ⅱ. ①红… Ⅲ. ①植物 – 画册 Ⅳ. ①Q94-64

中国版本图书馆CIP数据核字(2020)第009635号

书　　　名	平淡、如常又崭新的每一天：一日一花
	PINGDAN、RUCHANG YOU ZHANXIN DE MEIYITIAN
著作责任者	红茶　著
责任编辑	张文礼
标准书号	ISBN 978-7-301-31126-4
出版发行	北京大学出版社
地　　　址	北京市海淀区成府路205号　100871
网　　　址	http://www.pup.cn　　　新浪微博：@北京大学出版社
电子信箱	pkuwsz@126.com
电　　　话	邮购部010-62752015　发行部010-62750672
	编辑部010-62767315
印　刷　者	天津图文方嘉印刷有限公司
经　销　者	新华书店
	880毫米×1230毫米　32开　12.625印张　318千字
	2020年6月第1版　　2020年6月第1次印刷
定　　　价	79.00元

目次

每一天

记得还很小的时候，喜欢大自然的妈妈常带我去附近的山上玩儿。那时草比我高，我蹒跚地跟在妈妈身后，看着她的裤脚粘满了不知名的小草的种子——这样的儿时画面至今难忘。那时的我不知道妈妈为什么这么喜欢山。现在想来，心地善良的她，如山上默默生长的植物般又自由又温柔。

孩童时代，不上课的日子里，我和小伙伴们在山上度过了很多闲暇时光。早春，每每看到地上零星长出的紫花地丁，便一边感叹"春天来了！"一边增加了去山上的次数。我们还给那时不知名的植物取了形象的名字。比如被我们叫作"小馒头"的，其实中文正式名叫苘麻，"咕咕鸟"就是酸浆。一个个迷迷糊糊的小人儿，却清楚地记得"甜根"生长的地带、桃树开花的时间、花椒树刚发出的嫩芽的香气。

长大后我离开家乡，开始了都市生活。有很长一段时间，似乎离自然远了，离植物远了。果真如此吗？确切地说，是我和植物不像小时候那么亲近了。

2018年，我搬到了一个物业管理"松散"的小区。这所小区的绿化风格是这样的——清晨走着走着会遇见一朵南瓜花；龙葵、酸浆随处可见。绿化带里没有平整的草坪，里面的小蓬草长得像个小森林，开花时绽开一个个小"小礼花"。样子卡通的毛马唐和牛筋草拥挤地长在路边，将马路牙子覆盖。仔细观察的话，还能看到蛇莓、繁缕、夏至草。有几株白英长在隐蔽的墙角，年年在此悄然发芽、开花、结出红红的果子。

大自然遥远吗？其实不是一直与我如影随形吗？

离开是为了回来。

于是，我用了一年的时间，一天画一幅看到的植物，记录它们的成长。

在木绣球还未到花期的时候，我便开始惦记和期盼。看到楝花开了，知晓春尽夏来。

因为想要理性地描绘眼前所见之物，在画的过程中会惊奇地发现一些"植物的秘密"。

然而得知自己"如何努力都无法画出它们真实的模样"后，也的确觉得沮丧。只能靠"这是我自己看到的事物的样子"这样的想法，让植物笔记得以延续。

那些默默静立在路边、绿化带里的树木藤蔓、野花野草，就像我平日里认识的厉害的普通人，总是在不经意间展示它们的坚韧、温柔和美好，让我度过平淡、如常又崭新的每一天。

这样的记录能结集成书，特别感谢阿蒙在专业上的帮助。

最后，对让这本书得以呈现的编辑张文礼和一直鼓励我画下去的沈书枝表示衷心的感谢。

红茶 2019年12月于济南

一

月

玉兰

2018年1月1日　星期一

常绿植物的叶子上蒙了一层灰尘，
冬天仅有的一点绿色消减了很多。
然而，学校里玉兰树的枝头已长满
毛茸茸的花芽。它们要经历冬天的
寒冷，在春天来临时提早绽放。去
年的叶子已经落光。歪歪扭扭、已
经干枯、样子有点奇怪的褐色蓇葖
果还挂在枝上。

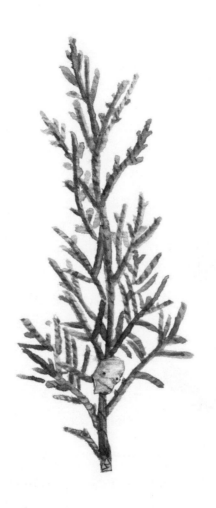

2018年1月2日　星期二

青石板路旁绿化带里的圆柏，常有落在地上的小枝。

圆柏

白皮松

2018年1月3日　星期三

虽然天气预报说是阴天，但今日晴朗。绿化带里的白皮松，迷彩服一样的树皮很好辨认。细看它的针叶，三针一束，很有趣味。

2018年1月4日　星期四

小雪，−4℃～−1℃。
雪下得太小了，一点也没积下，像是没下过一样。
在我家附近，目光所及很少能见到成片的红蓼。见到的大都孤零零
一棵长在路边，好的话能见到三两株长在水边。
校园水池边的红蓼，熟褐色的叶子干枯了挂在枝上，各自卷曲着，
还未落下。

红蓼

蜡梅

2018年1月5日　星期五　小寒

白天：晴，−4℃~2℃。
夜间：晴，南风2级。
今日小寒，开始进入一年中最寒冷的
日子。
植物园里的蜡梅在12月份就有盛开的
了。然而，这边校园里的几棵蜡梅含
苞待放、迟迟未开。每次路过时都忍
不住看上几眼，心里想着：嗯，还真
沉得住气呢！

圆叶牵牛

2018年1月6日　星期六

路边的牵牛花攀缘在作为绿篱的小叶
黄杨上。它们悄无声息地爬上来，每
年在8月末9月初的时候，从小叶黄
杨的叶片之间开出一朵朵喇叭状的小
花，花谢后结出浅褐色圆圆的蒴果。
藤蔓上的果子有的已经裂开，种子掉
落，只剩下一个个空壳。

二球悬铃木

2018年1月7日　星期日

今年的第二场雪。

校园的路边横着一大枝悬铃木的残枝——是园丁修剪树木时锯下来的。

折了一小枝拿回家画，是二球悬铃木的果实。

作为城市主要行道树，每年的春末夏初多风季节，悬铃木成熟的果实"炸开"，携带着倒锥形果实的毛絮在风力作用下四处飘散，对行人所造成的困扰不亚于杨絮和柳絮。印象深刻的是，有一次，我蹲在一棵大树下，低头专心给一小株植物拍照，忽然头部被什么东西击中。看看滚落在地上的圆球，原来正是悬铃木的果实。

毛泡桐

2018年1月8日　星期一

-6℃~2℃，西北偏北风，3级。
雪后空气清新。
学校门口的绿化带里，总会有落在
冬青上的毛泡桐果。每次路过，都
习惯往整齐的冬青上看看，心里想
着：今天会不会有被风吹下来的果
子呢？

云杉

2018年1月9日　星期二

晴，−8℃~4℃，西北偏北风，3级。

小区绿化带里的云杉，瓶刷似的小枝在风中颤啊颤的。树下是干草和黄土。周围作为绿篱的小叶黄杨，不知是被冻了还是怎么，这里缺一块，那里少一丛的，萧条的景象。

白榆

2018年1月10日　星期三

晴，−9℃~0℃。

大榆树下的一小片落叶，即使完全没有了水分，也不卷曲起皱，叶脉清晰，平平整整地落在地上。从叶子上的小洞可以看出——在它还未落下之前，曾经是一只毛毛虫的美味。

梣叶槭

2018年1月11日　星期四

特别冷的一天。

梣叶槭的翅果，逆着光线看去熠熠发光。走在植物园里的时候，
我是被树上一小片一小片亮光所吸引走近它的。走在树下，小鸟
啄食的声音清晰可闻，不知它们在吃什么。

月季

2018年1月12日　星期五

天气依然冷。
学校门口绿化带里的月季已经被剪
枝了，由原来的近一人高，修剪成
现在齐腰高。
也有漏剪的，枝上已经结了卵球形
橘红色的果子，挺立着，仿佛不服
输的样子，很可爱。

2018年1月13日　星期六

植物园里的小花扁担杆，光听名字
就已经很喜欢了。
小花扁担杆，锦葵科，扁担杆属。
每年5月下旬开淡黄绿色小花，核果
红色。

小花扁担杆

华山松

2018年1月14日　星期日

华山松。

石楠

2018年1月15日　星期一

深红色的石楠叶子落在地上。
作为城市里的常绿植物，即使在严酷
的寒冬，石楠也没有丝毫懈怠，一副
精进的样子。但它叶片的质感，边缘
的锯齿，让人缺乏亲近感。站在树旁
仔细观察一会儿，石楠的小枝和叶型
都是很耐看的。

2018年1月16日　星期二

校园里的苘麻长在水池边，和先前看到的两三株红蓼相邻而生。
此时的苘麻完全干枯，叶子已经落光，半球形蒴果开裂，露出里面的褐色肾形种子。

苘麻

2018年1月17日　星期三

晴，−2℃~8℃。西南偏南
风，3级。

腊月第一天。城市笼罩在雾
霾中。

小区里的复羽叶栾树上落下
来的果实，蒴果淡紫红色，
具三棱。成熟后的果实开裂
后，里面黑褐色的种子随果
瓣落下，或被风吹到更远一
点的地方去。

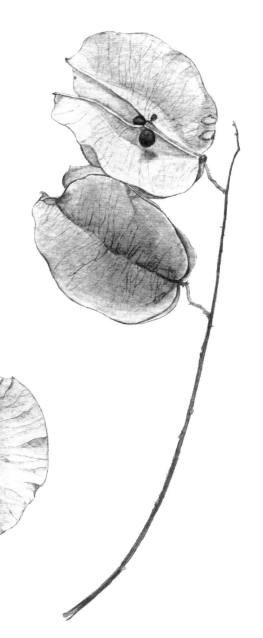

复羽叶栾

2018年1月18日 星期四

雾还没有散去，到处都灰头土脸的。
小区道路一旁绿化带里的蔷薇果，冬
季里的一点点亮色。

蔷薇

山茱萸

2018年1月19日　星期五

植物园里的山茱萸已满树花苞。
山茱萸的花苞在去年夏秋季就开始孕
育，经过漫长寒冷的冬天，等待着早
春的绽放。

蜡梅

2018年1月20日　星期六　大寒

今日大寒，二十四节气的最后一个。
风应花期而来。二十四候花信风，大寒：一
候瑞香、二候兰花、三候山矾。
在北方，瑞香不多见，但有蜡梅应季而开。
学校里的蜡梅只开了几朵。

美国红栌

2018年1月21日　星期日

学校的一处洼地里生长着一大片牡荆，纤细的枝条在晴空映衬下的剪影让人难忘。

路上，美国红栌的叶子干枯，卷着边，已经很脆了。试图捡起来时，叶子顷刻从枝上掉落。

元宝槭

2018年1月22日　星期一

–7℃~1℃。东北偏北风，3级。

早上的雪很小。到了中午，路边的冬青卫矛，叶子上积了薄薄一层。椭圆形的叶子，落雪积在中间，让整片叶子看上去像一把盛满白砂糖的小勺子。

青砖缝里也积了一些雪。

小区里的环卫工人每天都清扫落叶，只偶尔在绿化带里能见到几片元宝槭的叶子。

刺槐

2018年1月23日　星期二

−10℃~3℃。东北偏北风，3级。

天气极冷但空气极好。

昨天的小雪虽然没有积下，但带来了雪后的好天气。

雾霾散去了，雪后的城市格外清新。

小孩子们见到路上的一小块冰，便好奇地上前滑两下，还蹲下去，小心地
用手摸一摸。

路边，刺槐深褐色的荚果有的已经裂开，露出了黑褐色的种子。

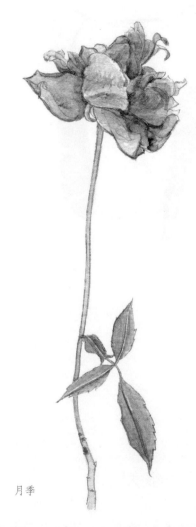

月季

2018年1月24日　星期三

天气很好。

住宅楼后面的菜地，周围以带刺的月季
作为栅栏。

此时，花朵已成干花，但颜色还未褪
尽，仿佛出自莫兰迪色系。这就叫"风
情与日俱增"吧。

栾树

2018年1月25日　星期四

继续好天气。

水塘中央结了厚厚的冰。塘边的冰层薄一些。几只白鹅在露出水面的一小片地方喝水。白鹅站在冰层上，橘红色鹅掌尤其显眼。

另一方水塘，在厚厚的冰层之上，几个少年正胆子很大地在冰上骑单车。

植物园里随处可见栾树的果实。与复羽叶栾树稍有不同的是，栾树的蒴果圆锥形，顶端渐尖。果子完全成熟后，颜色呈深褐色。

柿子树

2018年1月26日 星期五

时晴时阴。-7℃~0℃。东北偏东
风，2级。
小区里有三棵柿子树。这个季节，
绿化带的枯草间，红颜色的柿叶尤
其显眼。

2018年1月27日　星期六

中雪。

总算下了一场可以积下来的雪。

道路上的雪很快被环卫工人和热心的志愿者扫到路边。路上，残留的雪化成水，与尘土混杂在一起，看上去惨不忍睹。气温很低，心里还会担心：这要是到了夜间上了冻可怎么办。

此时的沿阶草结蓝黑色浆果。经历了一个冬天，沿阶草的带状叶片向四周趴着，很多叶片的尖端已见枯黄，不是太精神。

沿阶草果实

三角槭

2018年1月28日　星期日

楼顶的积雪未化，一串小鸟的脚印，形状很像一个个小树杈，从楼
顶的东头一直延伸到西头，清晰可见。
三角槭树下的一片落叶，叶片边缘平整，叶子的形状也可爱。
秋天的时候，捡了三角槭叶片做成标本夹在书里。每次看到它们，
都会被它们萌萌的样子治愈。

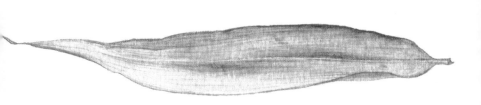

早圆竹

2018年1月29日　星期一

在路上捡到一片干枯的竹叶。

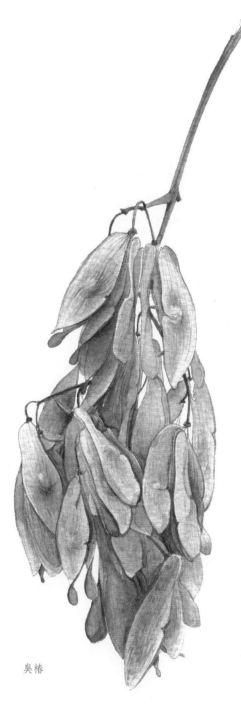

臭椿

2018年1月30日 星期二

学校里的臭椿，果实落在地上一大串。

臭椿的翅果长椭圆形，中间鼓起的部分是扁圆形种子。

和香椿树比起来，臭椿的味道不怎么受待见。但它树干挺拔，可以长得很高大，开花时也很好看，常作行道树。

去年5月中旬，骑车去上课的路上，见红砖铺成的人行道上落着细碎的淡绿色小花，非常好看。于是停下车子，用手机拍了几张落花的照片。因为着急去上课，没仔细看。回来把照片输到电脑里放大了看，才发现正是臭椿的落花。

2018年1月31日　星期三

小区绿化带里的香丝草已经
枯萎，无需修剪就很好看。
起初误认为是小蓬草。今年
搬到新家后，小区绿化带里
长了很多，才知道这是香丝
草。

今晚月全食，在楼顶看了一
会儿。起初看不出有什么变
化，渐渐地，月亮变成了橘
黄色。用手机拍了下来。

香丝草

二

月

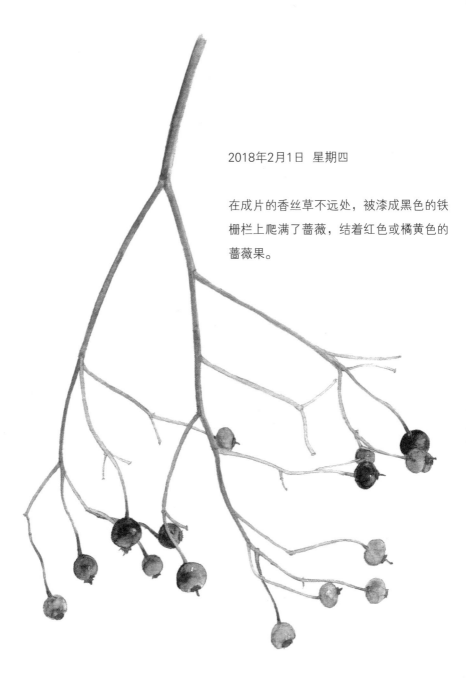

2018年2月1日 星期四

在成片的香丝草不远处，被漆成黑色的铁栅栏上爬满了蔷薇，结着红色或橘黄色的蔷薇果。

多花蔷薇

西府海棠

2018年2月2日　星期五

大明湖公园西南门入口处的一棵海棠，12月份的时候还果子挂满枝头，现在已经有落的了。

因为有了这棵海棠树，很多游人一进公园便停下脚步，在树下仰头观望一会儿。树上时时会有小鸟飞过来，啄食枝上的海棠果。

2018年2月3日 星期六

森林公园里的小叶女贞，结紫
黑色小果子。

小叶女贞

连翘

2018年2月4日　星期日　立春

立春　，农历二十四节气中的第一个
节气。

立春的十五天分为三候："一候东
风解冻，二候蛰虫始振，三候鱼陟
负冰。"

极力找寻春之气息，然而心力不
足，只在路边的连翘上看到浅褐色
枝上的深紫色花芽已十分清晰。

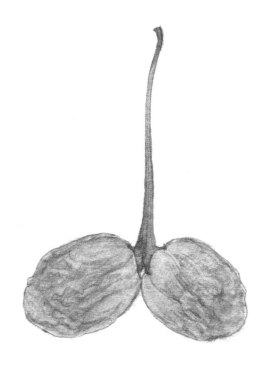

银杏

2018年2月5日　星期一

森林公园里有一大片沙坑，是孩子们的乐园。小孩们不惧寒冷，依然忘我
地在沙坑里挖沙、堆沙堡、荡秋千。
从森林公园的银杏林里捡回来的银杏果，闻起来臭臭的。
在银杏果掉落最密集的时候，很多人在树下捡拾。也有很多果子的外皮被
踩烂了，里面的浆汁流出来，远远就可以闻到那浓郁的味道。

合欢

2018年2月6日　星期二

在学校里捡到的合欢的带状荚果。

《花镜》中有这样一段描述：

合欢，树似梧桐，枝甚柔弱。叶类槐荚，细而繁。每夜，枝必互相交结，来朝一遇风吹，即自解散，了不牵缀，故称夜合，又名合昏。五月开红白花，瓣上多丝茸。

没有勇气在夜里观察叶片的变化，能在树下捡到一两枚合欢的荚果，便觉好看得不得了。

合欢的种子生命力极强。在不远处的台阶下面，几棵合欢的小苗正悄然生长着。

毛白杨

2018年2月7日　星期三

虽然已经立春，但依然是冬天的模样。
在路边捡到一片毛白杨已经干枯的叶子。

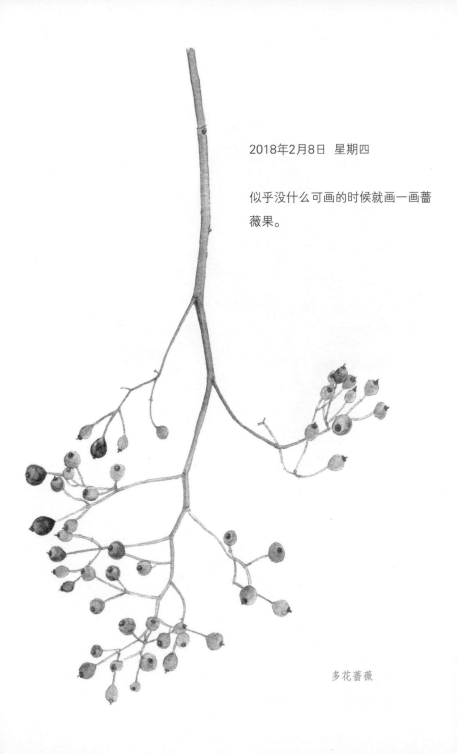

2018年2月8日　星期四

似乎没什么可画的时候就画一画蔷薇果。

多花蔷薇

紫丁香

2018年2月9日　星期五

只有在早春的花还未开放、处处秃
枝、又寂寥的时候才会注意到紫丁香
的果实吧。
紫丁香的果实表面光滑，长椭圆形，
尖端渐尖。此时果实已开裂。

2018年2月10日　星期六

学校门口冬青上新落的泡桐果。
这一小枝上的果子，大多数里面的
种子还没掉落。

毛泡桐

2018年2月11日　星期日

校园里的鹅绒藤将藤蔓缠绕在路边的紫荆树
上，结了细长的果实。
有的果实已经裂开，白色绢质种毛还未完全
散去，等待着有风吹过来，将它们的种子传
播到更远的地方。

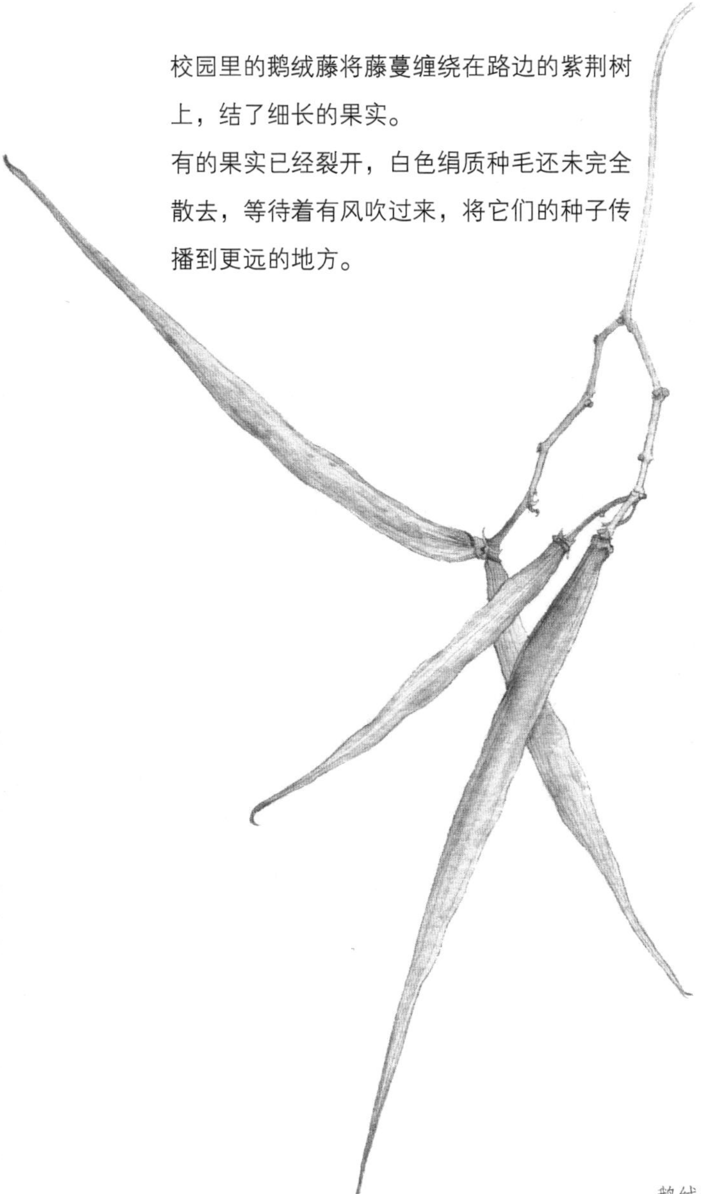

鹅绒藤

2018年2月12日　星期一

蜡梅依然只开了几朵，进展好慢。

蜡梅

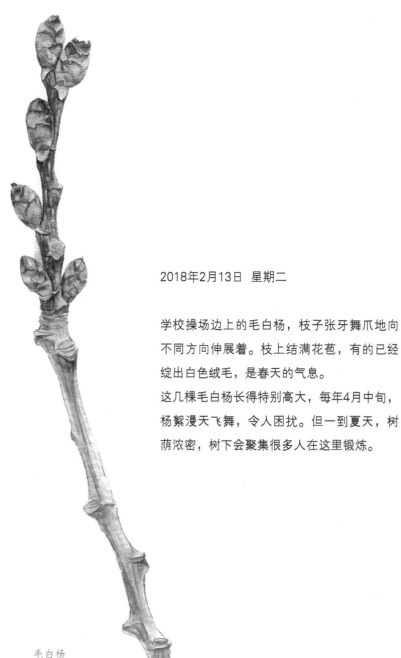

2018年2月13日 星期二

学校操场边上的毛白杨，枝子张牙舞爪地向不同方向伸展着。枝上结满花苞，有的已经绽出白色绒毛，是春天的气息。

这几棵毛白杨长得特别高大，每年4月中旬，杨絮漫天飞舞，令人困扰。但一到夏天，树荫浓密，树下会聚集很多人在这里锻炼。

毛白杨

2018年2月14日 星期三

在小学二年级课本中发现，泡桐的泡念作pāo，之前都错误地念作四声。
篮球场边上的毛泡桐树，在去年秋季已经结出了土黄色圆球状花蕾，为今年开花做准备。

毛泡桐

2018年2月15日　星期四

相邻小区里的鸡爪槭，叶子好多没落，已经
干枯，尖端卷曲着，还残留着一点红色。
鸡爪槭的叶子，5—9掌状分裂，通常7裂。

鸡爪槭

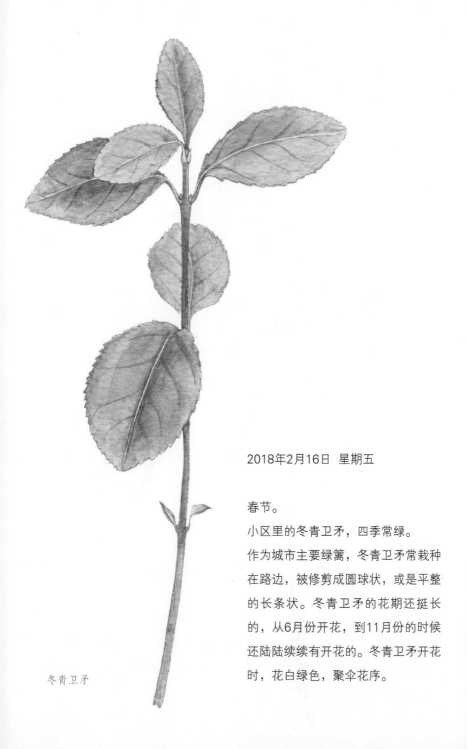

冬青卫矛

2018年2月16日　星期五

春节。

小区里的冬青卫矛，四季常绿。

作为城市主要绿篱，冬青卫矛常栽种在路边，被修剪成圆球状，或是平整的长条状。冬青卫矛的花期还挺长的，从6月份开花，到11月份的时候还陆陆续续有开花的。冬青卫矛开花时，花白绿色，聚伞花序。

石楠

2018年2月17日　星期六

也是四季常绿的石楠，中间红色的嫩叶将要萌发。

火棘

2018年2月18日 星期日

每次回家都来去匆匆，妈妈送我到小区门口。

门口的火棘正结着火红的果子。

火棘，蔷薇科，火棘属。常绿灌木，每年3月份开始开白色小花，8月份结果子。

每年冬季，门口的这棵火棘，红色的果子缀满枝头，非常好看，也很喜庆。

小叶黄杨

2018年2月19日　星期一　雨水

雨水，气温开始回升。降雪渐少，降雨渐多，空气湿度逐渐增大。

山师大门口的小叶黄杨悄悄结了花蕾。

作为常见的城市绿篱，我也只有在园丁拿着一把大的修枝剪"咔嚓咔嚓"
修剪时才注意到它们，并且心里会生出"怎么剪得这么齐"的感慨。

2018年2月20日　星期二

小区里的金边冬青卫矛，卫矛科，
卫矛属。叶缘浅黄色，叶片其他部
分间以深绿、浅灰绿色。

金边冬青卫矛

2018年2月21日 星期三

朋友家住处的楼下温室里有很多盆景。温室仅一人多高，温室顶部玻璃上挂满了将要滴下的水珠。朋友喜欢花花草草，退休后的大多数闲暇时间是和这些花草一起度过的。

盆栽南天竹的叶子落了很多在地上。

南天竹的复叶是三回羽状复叶，二至三回羽片对生。小叶薄革质，边缘光滑。

南天竹

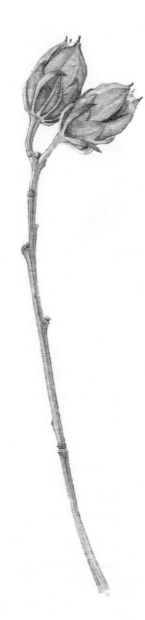

木槿

2018年2月22日　星期四

现在的季节，可看的依然是草木的
果实和叶子。
楼下木槿的果实，蒴果卵圆形，尖
端已开裂，背部长黄白色长柔毛的
肾形种子显露出一小截。

女贞

2018年2月23日 星期五

新家小区里的女贞。

树下，女贞果子落下后，被路人踩踏后留下的黑色痕迹密布。

想起去年装修房子时，每次在楼洞前停放自行车，便能听到女贞果掉落在地上的声音，像是在下雨。处理完繁杂的装修事宜，出门推车子，又是一阵"果子雨"。

侧柏

2018年2月24日　星期六

上午飘了一点雪。

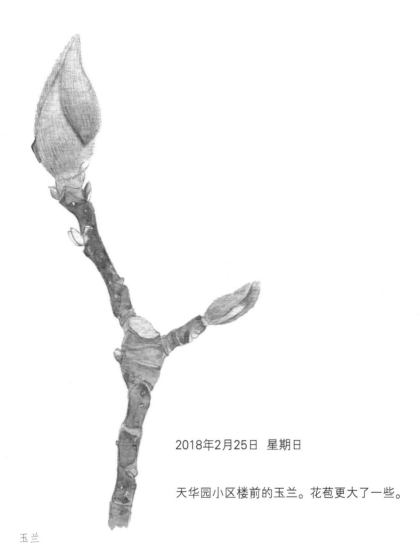

2018年2月25日　星期日

天华园小区楼前的玉兰。花苞更大了一些。

玉兰

2018年2月26日　星期一

小区里的云杉。

云杉

鸡爪槭

2018年2月27日　星期二

从初时的紫红色，到现在的淡棕黄色，鸡爪槭的果实经历了秋、冬，来到了初春，依然在枝上。鸡爪槭的果实比元宝槭的果实小很多，果翅张开成钝角。

2018年2月28日　星期三

植物园里的雪松，光影下很
美。这几棵雪松长得很高
大，树枝斜展，微微下垂。

雪松

三

月

广玉兰

2018年3月1日　星期四

最好的季节即将到来。
植物园里的荷花玉兰，又叫广
玉兰。树下，大片落叶落在草
丛间。和玉兰不同的是，广玉
兰是常绿乔木，玉兰是落叶乔
木。广玉兰的叶厚，革质，叶
面有光泽。

2018年3月2日　星期五

经过一个寒假，学校即将开学。
小区里的紫丁香，灰褐色树枝上的
叶芽呈嫩绿色，尖端紫色。

紫丁香

2018年3月3日　星期六

附近小区里的迎春花开了。
零星初开的嫩黄色花朵，点缀在四棱
形绿色小枝上的样子，比大面积开放
时更让人印象深刻。

迎春花

2018年3月4日 星期日

早晨就开始下起了细密的雨，到了下午，天空勉强飘了点雪花。风异常大，撑着的伞被风吹得向上翻起。

绿化带的冬青下面藏着一小片绿芽，叶子圆圆的，又淋过早晨的雨，清新可爱。

植物园的水杉林里，地上落着已经裂开的水杉的果实。

水杉

2018年3月5日　星期一

今日惊蛰。
在植物园里捡到一片不完整的
叶子。环顾了一下四周，没有
找到叶脉类似的叶子。

兰屿肉桂

蜡梅

2018年3月6日 星期二

学校里有三棵蜡梅，每次路过，都能闻到淡淡的花香。

厚萼凌霄

2018年3月7日 星期三

第一次见到凌霄的果实是在邻近的小区里。
这个小区只有三座楼，每座楼高7层，红砖
砌成。在高楼林立的城市，这种楼房被叫
作"小洋楼"。一楼有小院，大多户主在院
内支个小桌，小桌周围摆着小石凳。但每次
去都没见到有人坐在那里，总是空荡荡的，
很落寞。丝瓜花开的时候很有看头。一架架
丝瓜花伸出院墙外，像在对路人说：这里面
住着人呢。
厚萼凌霄被种在公共区域，在楼前楼后的小
走廊。
厚萼凌霄的蒴果看上去很饱满的样子，有的
已经裂开。

梅花

2018年3月8日 星期四

一大早骑着单车，背着很沉的相机去趵突泉拍梅花。到了公园后，掏出相机才拍了一张，电池就显示没电了。用手机拍又总是对不准焦，只好作罢。树下有落花（有的还没开就落下了），于是捡了几朵回来画，有淡淡的香气。

蜡梅已现颓势，玉兰花已经开了。

回程途经菜市场。在菜场入口处，一位中年男子推着电动车往外走，车筐里一大袋花叶蘘菜跃入眼帘，是一种落在实处的有用的美好。看得忍不住也进到菜市买了一捆回来。

校园里的月季已经长出了绿色嫩芽。

2018年3月9日 星期五

校园里的皱皮木瓜花芽初露。

皱皮木瓜因果实干燥后会皱缩而得名。它的另一个名字贴梗海棠，则因花开时似海棠，但花梗短粗、紧贴花梗而得名。

皱皮木瓜（贴梗海棠）

八角金盘

2018年3月10日　星期六

因为耐荫，常常被种植在大树下的八角金盘。

公园里的八角金盘长在木绣球树下。起风时，它用青翠光亮的"大手掌"接住了片片木绣球的落花。其实它本身也很有看头的。每次路过，我都会数一下八角金盘的叶片是否真的有八个"角"。但事实证明，七个"角"的比较多。

2018年3月11日 星期日

趵突泉公园里的梅花。

2018. 3. 11

梅花

2018年3月12日　星期一

梅花。

梅花

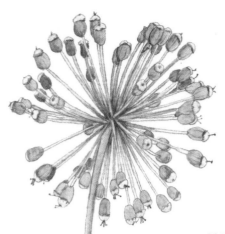

2018年3月13日　星期二

19℃~26℃。西南偏南风，4级。

多风的季节。

菜市场里有卖荠菜和面条菜的，用大袋子装着。看着新鲜，于是各买了一些。

面条菜只掐尖端的嫩叶，先用开水焯一下，捞出后攥去水，和入肉馅。然后放葱末、盐、花椒粉、香油调味，做成馅料包饺子，味道鲜美。

荠菜则做了荠菜豆腐汤喝。

在趵突泉公园里走着时，看到八角金盘的果实落在地上，于是捡回来画。

八角金盘

毛樱桃

2018年3月14日　星期三

济南的天气是忽然间就热起来的，
一点儿过渡都没有。路上行人已经
有穿短袖和裙子的了。

自行车道上停着一辆大车，将车道
堵得严实。车上的人努力地做事，
下面的助手也很卖力。以为是在给
行道树剪枝。走近看，原来是在齐
心协力够一个挂在树上的塑料袋。
春天的花很多都叫不上名字来。

2018年3月15日　星期四

突如其来的降温让人措手不及。狂风
大作，推门想透透空气，竟然推了半
天没推开。
不光是人，这对即将开放的花也是一
个不小的打击。
美人梅已满树花蕾。

美人梅

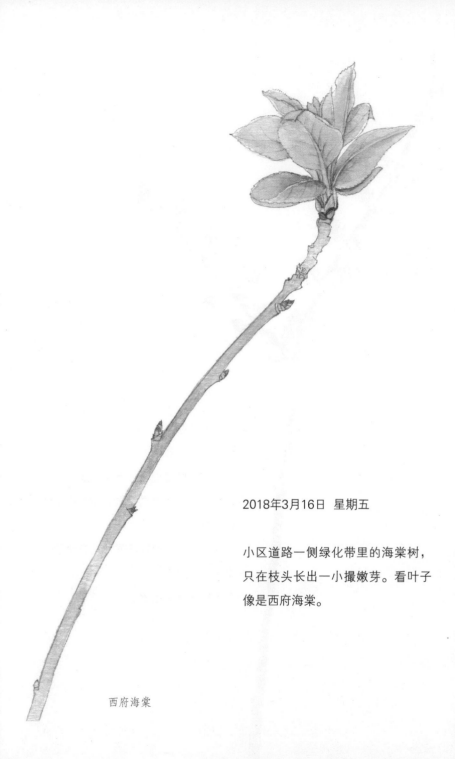

2018年3月16日　星期五

小区道路一侧绿化带里的海棠树，
只在枝头长出一小撮嫩芽。看叶子
像是西府海棠。

西府海棠

2018年3月17日 星期六

看朋友圈才知道，北京下雪了。
重瓣榆叶梅只谨慎地在枝头半开着几
朵，花瓣自上而下由深粉渐变成浅粉
红色。枝上的嫩芽初生，小枝柔和地
低垂下来。

榆叶梅

2018年3月18日　星期日

如果靠近一点，会惊奇地发现，
作为绿篱的小叶黄杨也开花了。

小叶黄杨

2018年3月19日　星期一

学校里的皱皮木瓜，在完全大面积盛开
之前，是可珍惜的。

皱皮木瓜开花猩红色。这种枝上只开几
朵的情景持续不了多久。一旦温度适
宜，再见到时已满枝繁花，艳丽的大面
积红色扑面而来，太过热烈奔放了。

皱皮木瓜（贴梗海棠）

白玉兰

2018年3月20日　星期二

天气依然冷。大家议论最多的是延长
供暖到22日。

校园里的山桃已经开花。路边的紫
荆，树干上、枝上结了一簇簇紫红色
花蕾。阿拉伯婆婆纳自干草枯叶间开
出蓝色小花。一个多月的时间，毛白
杨已经长出了长约4—7厘米的柔荑花
序。不久，这里便会杨絮满天飞了。
相邻小区里，一朵还没完全开放的玉
兰花。

2018年3月21日 星期三 春分

今日春分。每到节气的日子，就在想：
今天和平常有什么不同吧。于是，会在
这一天里特别留意草木的变化和鸟叫的
声音。
西府海棠的嫩芽。

西府海棠

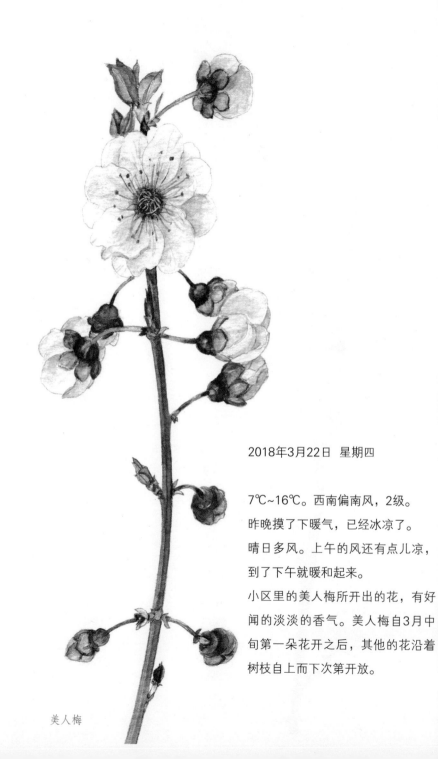

2018年3月22日　星期四

7℃~16℃。西南偏南风，2级。
昨晚摸了下暖气，已经冰凉了。
晴日多风。上午的风还有点儿凉，
到了下午就暖和起来。
小区里的美人梅所开出的花，有好
闻的淡淡的香气。美人梅自3月中
旬第一朵花开之后，其他的花沿着
树枝自上而下次第开放。

美人梅

袖珍椰子

2018年3月23日　星期五

一家南京小笼蒸包店门口，被蒸笼散发
出来的热气环绕着的盆栽袖珍椰子。

2018年3月24日　星期六

毛樱桃。花多在枝干上，
未开的花苞淡粉色，初开
白色，将开败的淡黄色。

毛樱桃

2018年3月25日 星期日

去年移栽到院子里的几株二月兰，种
子落地后，今年新长出了几株，已经
开花了。和它一同移栽过来的五棵蔷
薇，只有两棵存活了下来。

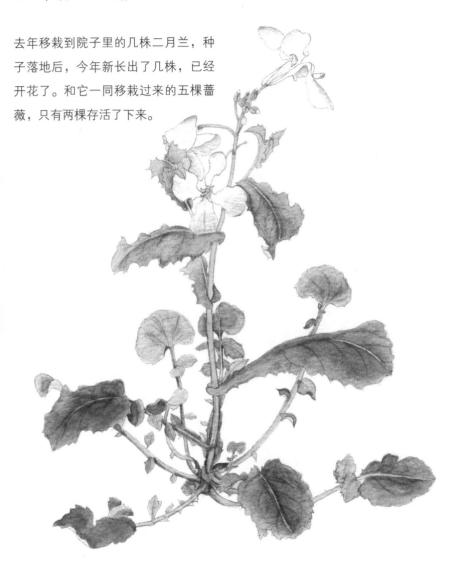

二月兰（诸葛菜）

2018年3月26日　星期一

学校里的榆叶梅长在路边，
花未开时，花柱已经探出头
来的样子十分可爱。

榆叶梅

2018年3月27日　星期二

路边的花树红的红，粉的粉，小区里的紫叶李，则低调地静静开放着。

紫叶李

垂柳

2018年3月28日　星期三

12℃~30℃。南风，4级。
少年宫院子里的柳树嫩芽和柔荑
花序。
松树下面有一小片早开堇菜。桃
花初开，丁香枝头密集的花蕾静
待绽放。
不远处传来鹅叫声。

2018年3月29日 星期四

楼下的几棵垂丝海棠开
花了。
垂丝海棠的花梗细弱、
较长，随花朵日渐长大
而下垂，因此而得名。

垂丝海棠

2018年3月30日　星期五

14℃~23℃。东北偏东风，2级。
难得风小的一天，樱花盛开。
错过了山茱萸的花期，今天见到时
花瓣已凋谢。不过，刚抽出的细长
的嫩芽也是好看的。

山茱萸

西府海棠

2018年3月31日　星期六

小区道路东边的西府海棠，开得很
大气的样子。

四

月

早开堇菜

2018年4月1日　星期日

还没返青的草地上，一株株早开堇菜开出了紫色小花。
早开堇菜花冠淡紫色，喉部色淡并有紫色条纹。

紫叶桃

2018年4月2日　星期一

小区门口绿化带里的紫叶桃，嫩叶
紫红色，花粉红色，同色系搭配，
看上去另有一种协调的美。

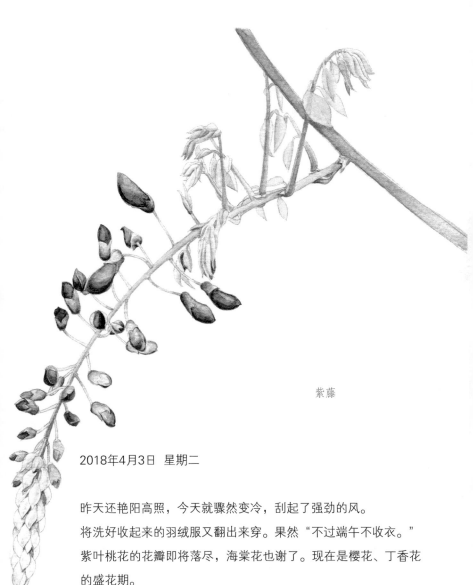

紫藤

2018年4月3日　星期二

昨天还艳阳高照，今天就骤然变冷，刮起了强劲的风。
将洗好收起来的羽绒服又翻出来穿。果然"不过端午不收衣。"
紫叶桃花的花瓣即将落尽，海棠花也谢了。现在是樱花、丁香花
的盛花期。
小区里的紫藤欲开。未开的紫藤花序，远远看去像在作茧。

连翘

2018年4月4日 星期三

3℃~11℃。东北偏北风，4级。

从昨天开始气温突然下降，今天依然冷。

校园里的榆树下面落了一地的榆钱，里面夹杂着桃花的浅粉色花瓣。

连翘的花期比迎春花晚一些。

鸡麻

2018年4月5日 星期四

地面是湿的，看来昨晚下了场雨。

植物园里的鸡麻花开，有人坐着小马扎在花旁写生。

鸡麻的花瓣只有四瓣，单花顶生于新梢上，花瓣纯白色。

白色的花，由新绿的叶子衬托着，又淋过一夜的雨，清新

得让人怀疑：为什么要叫鸡麻呢？

红瑞木

2018年4月6日　星期五

很冷的一天，像是回到了冬天。

小区里的红瑞木也是好看的。冬天时一根根
深红色枝条光秃秃立在干草堆上，颜色十分
夸张。待春天到来，抽芽、长叶、结了花蕾
时的样子非常优雅。

2018年4月7日 星期六

黄刺玫的叶子椭圆形，有锯齿，很萌。开出来的花，颜色黄得不浓不淡，刚刚好，也很可亲。

重瓣黄刺玫

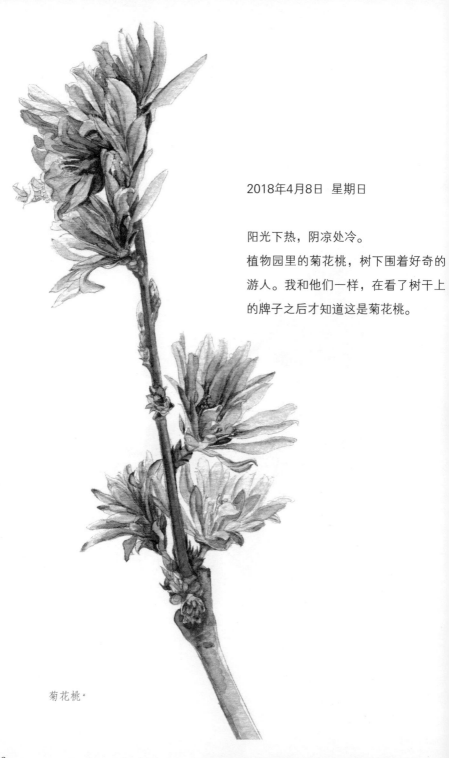

2018年4月8日　星期日

阳光下热，阴凉处冷。
植物园里的菊花桃，树下围着好奇的
游人。我和他们一样，在看了树干上
的牌子之后才知道这是菊花桃。

菊花桃*

粉团花，

蝴蝶荚蒾的变种

2018年4月9日 星期一

19℃~27℃。南风，4级。

天气转暖。室外气温回升，屋内依然
阴冷。

粉团花的叶子，叶脉工整得像出自严
谨的手艺人。

2018年4月10日　星期二

12℃~27℃。西南偏南风，4级。
去小院够香椿芽，顺便割了第一茬
韭菜。邻居大爷热心肠，帮着给韭
菜地浇水。他在院子里新安了一张
小桌和几张凳子。小桌东面有一棵
山楂树，结了很密的花骨朵。树下
堆着几盆花。南边有棵核桃树，刚
抽出嫩芽。不远处的晚樱已经凋
谢，树下种了大蒜。大爷每年只种
大蒜和黄豆，说这两样不用太操心
就能长得很好。院子里的鸭跖草从
砖缝里钻出来，才长出一点点芽。
花椒也发芽了。采摘花椒的嫩芽，
洗净后切碎，用鸡蛋炒熟来吃，童
年的美味。
在菜地的边缘处，几棵油白菜开出
的花鲜黄明亮。

油白菜

2018年4月11日 星期三

16℃~25℃。东北偏东风，2级。

很舒服的一天，风正好。站在阳光下被晒得很暖和，阴凉地儿里还是冷。怕冷的人对冷很敏感。

元宝槭开花的时候，很喜欢站在树下看一会儿。石楠的花骨朵已经结了好几周了，还没有开花。红瑞木的花开在两片叶子中间，花被叶子衬托着，很金贵的样子。紫藤正处在盛花期，清香阵阵。

重瓣棣棠开花，还未到全盛期，只开了几朵。

棣棠

蒲公英

2018年4月12日 星期四

春天的花集中开过之后似乎要告一段落了。

这个春天忽冷忽热，一波三折，现在比较像春天了。天气预报今晚有雨。

车棚边上的绿化带里，一棵蒲公英即将开花。蒲公英的叶子全部基生，舌状花鲜黄色。

年纪较长、赋闲在家的大爷或大妈，提着一个塑料袋，在草地上耐心地寻找蒲公英，是这个季节常见的情景。

夏至草

2018年4月13日　星期五

6℃~12℃。东北偏北风，3级。

早晨6点起床后发现家里停水了。

雨下得很小，并且时断时续。

植物发出的绿芽经雨水冲刷后绿意更浓，不像平时那么灰头土脸了。紫藤架下落了一地深浅不同的紫藤花，整朵落下的。元宝槭树下也落着极小的黄色小花。小区绿化带里的夏至草也开花了。

夏至草常成片生长于路边、绿化带内。夏至草花开白色，轮伞花序分布于叶腋处。因为植株不高，加上在夏至到来之前，它便早早地枯萎，如果不仔细看的话，常被忽略。

洋槐（刺槐）

2018年4月14日　星期六

去上课的路上，在路口等车时有清香飘来，抬头看才知道槐花已经开了。路边的槐树已经很多年了，即使修路的时候，也被保护得很好，没有被挪动过。高大的槐树，绿叶白花，底色是被雨水洗过的晴空。

过了路口，沿街都是槐树，整条道路飘着槐花香。闻着花香，骑自行车一路上坡竟也没觉得累。

毛泡桐

2018年4月15日　星期日

毛泡桐花开，远远看去有几枝低矮地开着。走近了看，其实并不低。
微风吹拂，可以说天气相当好了。空气质量也很好。
骑车途中遇见一个小店，店名扁食巷。

石楠

2018年4月16日　星期一

含苞待放的石楠还是可以靠近看的。

紫花地丁

2018年4月17日　星期二

校园小路边，在一片枯草叶、干树枝之间零星生长着几株紫花地丁，紫色的小花清晰可见。

虽然园丁勤于对校园里的杂草进行定期清理，但这一小片地方少有人来，园丁也很少光顾。因此，每年都可以看到紫花地丁如期开花。紫花地丁，对我来说，也是"春来了"的有象征意义的花。

华山松

2018年4月18日 星期三

华山松。

2018年4月19日 星期四

金银忍冬又叫金银木，花初开白
色，渐渐变成黄色，因此而得名。

金银木

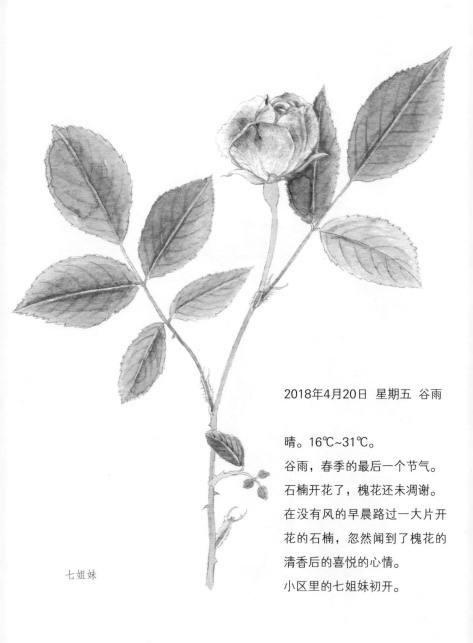

七姐妹

2018年4月20日　星期五　谷雨

晴。16℃~31℃。

谷雨，春季的最后一个节气。

石楠开花了，槐花还未凋谢。

在没有风的早晨路过一大片开

花的石楠，忽然闻到了槐花的

清香后的喜悦的心情。

小区里的七姐妹初开。

海桐花

2018年4月21日 星期六

海桐花开在北卧窗前，淡淡的香气
被吹风进屋里，芳香怡人。
海桐花初绽白色，后渐变黄色。
下午下起了阵雨。

珍珠梅

2018年4月22日　星期日

10℃~12℃。东北偏北风，4级。雨下了一天。有一个路段积了很多水，汽车驶过时像船在水上行进。

珍珠梅暗黄褐色的枝上长出的新叶，叶子羽状复叶，小叶对生，小叶片11—17枚。

无花果

2018年4月23日　星期一

多云。8℃~17℃。东北风，4级。

一场中雨后又降温了。今天出门的时候，恍惚以为冬天又回来了。

清晨的雨是蒙蒙细雨，街上有人打着伞，有人在雨中行走着。地上积了些雨水，石楠花细碎的花瓣落在上面。水少处，几片洋白蜡的羽状复叶贴在湿湿的地面上。

无花果已经结了绿色的果子。东面邻居家的无花果树繁茂地将院子遮住了。每年此时，邻居大娘便给自家种的无花果树剪枝。上面还带着小无花果的大枝子堆在地上。捡了几枝好看的，拿回家做插花。

雏菊

2018年4月24日 星期二

8℃~20℃。东北偏北风，3级。

天气预报显示多云，实际晴空万里。

湿气自地面蒸发，头上顶着骄阳。只在阴凉处有风
吹过时稍感凉意。

山楂花开，山楂树下的鸢尾也开出了醒目的青紫色
的花。在小区广场，槐花落了一地。

路边花坛里刚刚换上了雏菊。因为刚被挪到这里，
还没缓过劲儿来，一副无精打采的样子。

探春花

2018年4月25日　星期三

多云转晴。15℃~24℃。

早上去大明湖公园看木绣球。在去年木绣球开花的地方转了好几圈也没找到（被移走了）。却在另一个隐蔽处见到了，花期已接近尾声。想起去年此时它还长在路边，树下有很多人在拍照时的热闹场景。有一棵树下落满花瓣，层层叠叠。

楝花开在古香古色的建筑前，青瓦衬着淡紫色楝花，偶尔有两只长尾巴的喜鹊飞过，这样的画面可以记很久。

今天见到的另一个难忘的场景是：一排红枫树上悬挂着一排鸟笼，笼子里的鸟叽叽喳喳叫着，对面坐着一排沉默的中年男人（鸟的主人）。

湖边的探春花正开放。探春花又叫迎夏，黄色的小花告诉我们：夏天即将到来。

打碗花

2018年4月26日　星期四

看到路边的打碗花开，花的粉色浅浅的，很温柔的样子。

中华小苦荬

2018年4月27日　星期五

中华小苦荬稀稀疏疏几棵长在绿化带里。

中华小苦荬就是小时候常挖的苦菜。

在家家户户都会养上几只鸡的那个年代，小孩们放了学就去山上挖苦菜喂鸡。

挖苦菜的小铲子是爸爸做的。其实对小孩子来说，挖苦菜不是主要目的，聚在一起在山上玩儿才是正经事。

苦楝

2018年4月28日 星期六

楝花开，春尽夏来。

一年花信风梅花最先，楝花最后。经过二十四番花信风之后，以立夏
为起点的夏季便降临了。

学校里的楝花已开。站在一块大石头上能近距离观察楝花。每年此
时，便来这里看花。楝花远看时，一树树花枝，只看得到紫雾一般的
色彩，走到近处看是另一番样子。楝花花瓣淡紫色，微微向外翻着。
花朵中央的雄蕊管紫色，有纵细脉。

2018年4月29日 星期日

大明湖公园里，园丁正在栽种新的
绿篱。草地上堆着一捆一捆新运来
的草皮。

路边的平枝栒子，叶子很小，圆圆
的。比叶子更小的是花。想用手机
拍清楚，总对不准焦。然而，越小
的花越是耐看。

平枝栒子

红花檵木

2018年4月30日　星期一

五龙潭公园里的红花檵木开出的花很特别。起初以为不是花，但细看，和叶子不同，像是在一张玫瑰红色的卡纸上剪了几下剪出来的。红花檵木的花3—8朵簇生，花瓣4片，带状。

五

月

2018年5月1日 星期二

蔓长春花

五龙潭公园里的蔓长春花，花单朵
腋生，蓝紫色。从正面看时，花瓣
很像是旋转得很慢的风扇。

月季

2018年5月2日　星期三

下着很小的雨。杏子还青着就落了很多在地
上。尽管如此，枝上还有很多。
学校路边的月季花开。

柿

2018年5月3日　星期四

立夏前后，柿子花开。

柿花初开的时候，被绿色萼片
包围着，花冠淡黄白色，上部
向外弯曲。随后，花朵的黄色
渐深，花瓣尖端橘红或红色。
柿子树下，常常见到落下来的
柿花。看着它潜伏在大片柿叶
下悄然开放的样子，有一种不
事张扬的美好。

美国红桦

2018年5月4日　星期五

雨后还没干透的水泥地面，一小枝美
国红桦（洋白蜡）的翅果落在上面。
待到翅果完全成熟后，变成赭石色，
会随风像一个个小船桨落一地。

大花金鸡菊

2018年5月5日　星期六　立夏

强劲的风到早晨6点多才稍有停息。住在楼房的高层，可以清晰地听到呼啸而
来的风声。

中午下了一阵急雨，是细密的小雨。街上很多人没有打伞。即便是撑着雨伞，
在伞遮挡不到的地方，衣服被雨水打湿，潮潮地贴在身上，也很不舒服。

学校的水池边生长着小花山桃草、地构叶。桑树下，有人在捡桑葚。

大花金鸡菊热烈地开在水塘边，夏天到了。

2018年5月6日 星期日

今天无意中发现小区草地里的蛇
莓，开花、结了小红果子。
疏于管理的小区绿化带简直就是百
草园。

蛇莓

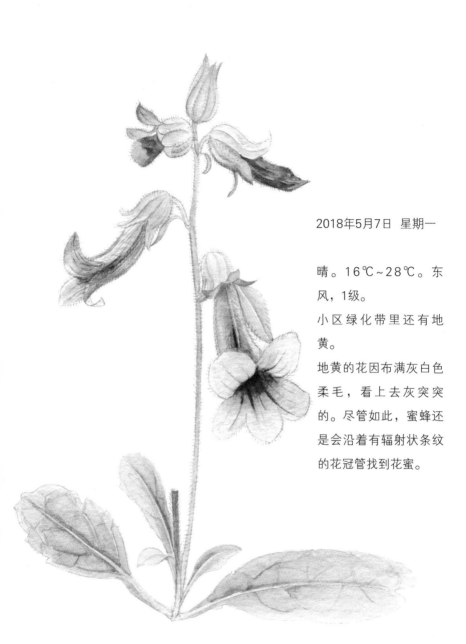

2018年5月7日 星期一

晴。16℃～28℃。东
风，1级。
小区绿化带里还有地
黄。
地黄的花因布满灰白色
柔毛，看上去灰突突
的。尽管如此，蜜蜂还
是会沿着有辐射状条纹
的花冠管找到花蜜。

地黄

石竹

2018年5月8日 星期二

长在广场花池里的石竹正开着花，
有紫红色、粉红色两种。它们很擅
长配色，一圈一圈从白到粉到深
紫。花瓣的形状又像是用转笔刀削
出来的铅笔屑。

2018年5月9日　星期三

早晨去买菜，看到绿化带里
的刺儿菜开花了。

刺儿菜又叫小蓟，家乡的人
管它叫七七芽。它的叶子上
长满小刺，开浅紫色花。因
其开花时很像一个个小牙
刷，小朋友见到这种花就称
呼它为牙刷。

刺儿菜

泥胡菜

2018年5月10日　星期四

小区里的泥胡菜，不知道它有什么特殊的味道，总是吸引众多小虫子在上面爬来爬去。小时候大概是把泥胡菜也当成刺儿菜了，如今才知道它们是不同的两种植物。泥胡菜的叶子两面异色，上面绿色，下面灰白色。刺儿菜的叶子则是两面皆绿色。小时候只被它们可爱的花所吸引，混混沌沌中，叶子的不同是难以发现的。

石榴

2018年5月11日　星期五

昨晚不知什么时候开始下的雨，一直持续到早晨。

院子里的葡萄结了很小的绿色浆果，旁边的石榴树开花了。

阿尔泰狗娃花

2018年5月12日 星期六

去上课的路上，路边的臭椿落下的
黄绿色小花疏密有致地落了一地。
进到校园里时，又看到阿尔泰狗娃
花开在校园里的一个土坡上。
美好的一天。

云杉

2018年5月13日　星期日

路边的云杉长出了新叶，新绿像是
另外接了一小截在上面。

通泉草

2018年5月14日 星期一

今天的新发现——常走的一条小路
的路边竟然长着一小片通泉草。
之前都是骑着自行车去公园里寻找
通泉草的身影，没想到就在眼前。

2018年5月15日　星期二

甸柳小学附近小区里的玉簪开花了。
小区一楼的人家在楼后种了一些花
草，树上挂着两个鸟笼子，营造出一
小片"桃源"。

紫玉簪

心叶日中花

2018年5月16日　星期三

小区里的心叶日中花，这花名像
是在告白。
心叶日中花的别称有花蔓草、露
花。

2018年5月17日　星期四

小区里的小蜡。

小蜡

金叶女贞

2018年5月18日 星期五

院子里种的芫荽，叶子碧绿油亮，毛芋头长出了两片好看的叶子。土豆苗长高了很多，不知道下面能不能结出土豆。扁豆苗、黄瓜苗、豆角苗都还小。绿化带里的金叶女贞开花了。

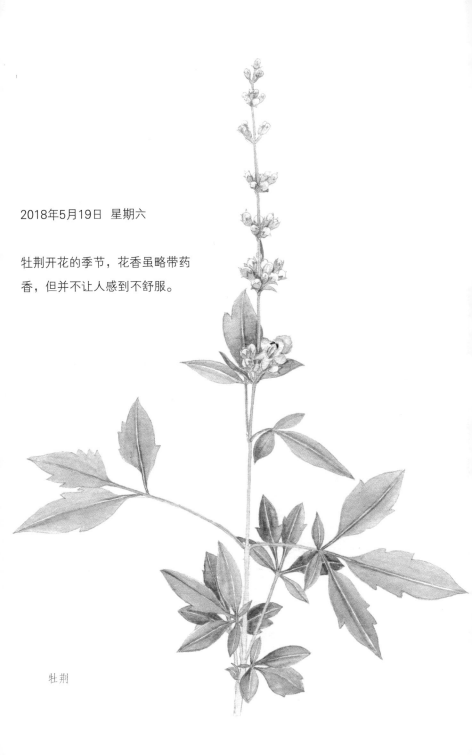

2018年5月19日　星期六

牡荆开花的季节，花香虽略带药
香，但并不让人感到不舒服。

牡荆

兴安胡枝子

2018年5月20日　星期日

兴安胡枝子的花虽小，但花冠白色，中央稍带紫色，非常好看。

2018年5月21日　星期一　小满

13℃~21℃。
从早晨就开始下的小雨延绵不断。
买饭回来的路上看到田旋花闭合着。
小区车棚后边的绿化带里竟然零星长
着几棵麦子。

小麦

153

长春花

2018年5月22日　星期二

阵雨转晴。17℃。

盆栽长春花。

红瑞木

2018年5月23日　星期三

路边绿化带里的田旋花正开着，攀缘
在冬青上。
红瑞木的果实初时嫩绿色，成熟时会
变成乳白色或蓝白色，花柱宿存。

155

苹果

2018年5月24日　星期四

不知是谁种在楼东头空地里的苹果
树，还没长高，已经急着结出了小
绿苹果。

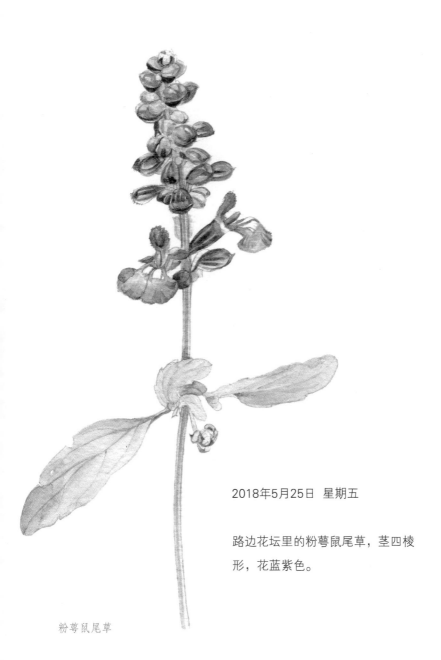

2018年5月25日 星期五

路边花坛里的粉萼鼠尾草，茎四棱形，花蓝紫色。

粉萼鼠尾草

大枣

2018年5月26日　星期六

潮湿闷热的一天。校园里核桃树已
经结了有鸡蛋大小的果实，大片的
叶子也好看。路边的枣花开了，嫩
绿色。蜀葵开得正好，有白色、玫
瑰红色、粉色。

二色金光菊

2018年5月27日 星期日

学校水池边的二色金光菊。
甸柳小学附近小区里的合欢开花了。

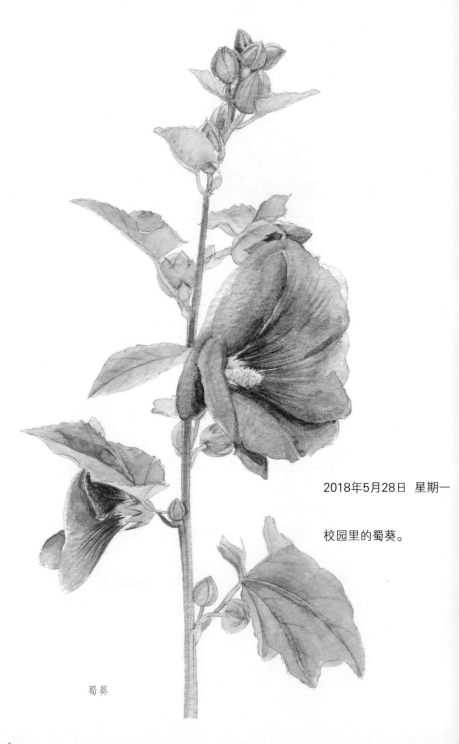

2018年5月28日　星期一

校园里的蜀葵。

蜀葵

紫叶李

2018年5月29日　星期二

多云。20℃~31℃。东北风，1级。

吹到身上的风是很舒服的清凉的风，这在
夏天很珍贵。

珍珠梅开花了，现在正初开，只在尖端开
了几朵，大多是星星点点的花苞，也是最
好看的时候。

小区绿化带里的紫叶李。

2018年5月30日　星期三

晴。19℃~32℃。东北风，1级。
依然是很舒服的一天，清凉的风。
空气透明度很高，能清晰地看到远
处的楼群和绵延的山。
地里的黄瓜已经开出了黄色的花。
在邻居大娘的帮助下搭好了架子。
学校里的楝树结了绿色的小豆子。

苦楝

2018年5月31日 星期四

植物园里的凌霄花开；河北木蓝悄
悄绽放；珍珠梅大面积盛开——是
那种耀眼的亮白色。
小花扁担杆也开花了。

小花扁担杆

六

月

河北木蓝

2018年6月1日　星期五

河北木蓝，因枝细叶小，看上去十分秀气。

河北木蓝的叶子是羽状复叶，小叶对生。总状花序腋生，花冠紫色或紫红色。

金丝桃

2018年6月2日 星期六

金丝桃开花时，整个园子都亮了。

金丝桃花色金黄，雄蕊花丝纤细，

灿若金丝。

土庄绣线菊

2018年6月3日　星期日

土庄绣线菊。

只开了一小枝，白花格外醒目。

田旋花

2018年6月4日　星期一

田旋花，清晨6点多开放。自
小叶黄杨丛中伸出，柔韧有力
的茎上绽放出一朵喇叭状的粉
色小花。

2018年6月5日　星期二

阳光已经很炽热了，烤得人难受。
植物园里的厚萼凌霄不畏酷热，依
然绽放。

厚萼凌霄

2018年6月6日 星期三 芒种

晴。28℃~37℃。南风，3级。
清晨的风很舒服地吹在身上。但到了
中午，风也帮不上忙，太热了。各地
发出高温橙色预警。
高考在即。
名泉春晓小区里的粉花绣线菊初开。

粉花绣线菊

2018年6月7日　星期四　　　　　　　　大花萱草"金娃娃"

时阴时晴。一大早坐公交车去植物园，在体育中心下车。

道路两边，园丁正将一盆盆长春花运往花坛。细看花坛里的花——孔雀草、长春花正盛开，被摆成某种图案的样子，中间夹杂着铁锈色叶片的植物。

植物园里的大叶女贞大面积开放，散发着浓郁的味道。

肥皂草开得有点无精打采，花期将过。凌霄花、珍珠梅一如既往地开着。青桐、南天竹花期接近尾声。柽柳真温柔啊，花期已过，已变成灰溜溜的粉色花朵还未落尽，纤细柔弱的叶子有点梦幻。在水杉林里走着，附近的恐龙乐园里不时传来模仿恐龙的叫声，会有置身远古时代的错觉。珍珠梅一旦全部盛开，花朵特别拥挤的样子，让人不由追忆它将开未开时的含蓄。上面好多蚂蚁，在洁白的小花之间爬来爬去，时隐时现。

在一簇珍珠梅前，一位老大爷好奇地用手碰碰珍珠梅的叶子，对身边人说："咦，是含羞草吗？"见被他碰过的叶子只是摇晃了一下，并没有像他预期的那样立刻闭合，便悻悻地走开了。

到处都在浇水。

出了植物园西门，园丁、保洁工人在开着花的大叶女贞树下铺了一块花布，躺在阴凉地里小睡。边上放着水杯和毛巾。

大花萱草"金娃娃"开花了。

2018年6月8日　星期五

植物园里的一大片白屈菜，长得很旺盛。

白屈菜有一个别名叫断肠草，可见有一定的毒性。

此时的白屈菜正开四瓣黄花，花谢处长出的蒴果狭圆柱形。

白屈菜

黄刺玫

2018年6月9日 星期六

预报的雷阵雨在夜里下了起来，雨声时大时小，时紧时慢，暂时掩盖了一部分
火车站传来的噪音。

清晨的时候，雨已经停了。打开窗户，潮湿凉爽的空气伴随着火车的轰鸣声进
入屋内。仔细听的话，车站的噪声来自火车行驶时发出的轰鸣声、刹车时尖锐
的摩擦声、车站内的广播声和铃声。这些声响混在一起，在大人看来是恼人的
噪声。然而小孩喜欢热闹，一旦轰鸣声传来，便立马跑到窗前，趴在窗户上好
奇地往外看。

清晨暂停了一小会儿的雨，时断时续地又下了一整天。

植物园里的黄刺玫结了红色的果实。

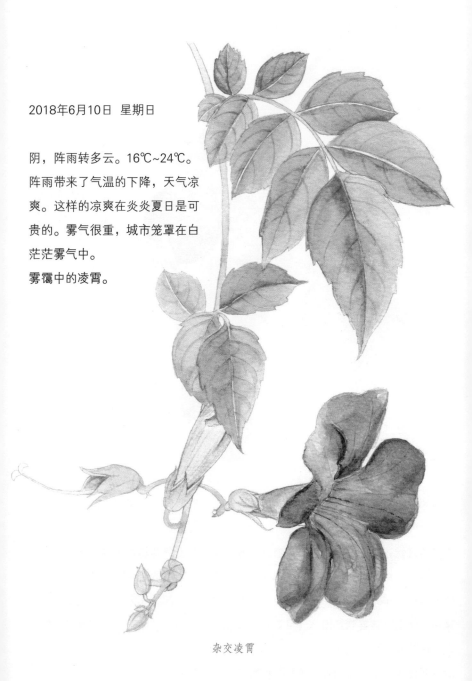

2018年6月10日　星期日

阴，阵雨转多云。16℃~24℃。
阵雨带来了气温的下降，天气凉
爽。这样的凉爽在炎炎夏日是可
贵的。雾气很重，城市笼罩在白
茫茫雾气中。
雾霭中的凌霄。

杂交凌霄

2018年6月11日 星期一

晴。21℃~31℃。南风2级。
雨后，夏日里清凉的一天。
植物园里有一片萱草正值盛花期，
一只白色的蝴蝶飞在其中。

萱草

核桃树

2018年6月12日 星期二

晴。26℃~36℃。南风，1级。

短暂的凉爽过后，气温迅速回升。尤其是在风力只有1级的情况下，太阳底下是待不住了。

这个季节的菜市场里，各种甜瓜上市。卖的最多的是一种叫绿宝石的甜瓜。吃甜瓜时，喜欢连带着里面的籽一起吃。杏有南山榆杏、玉杏。橘色里面透着红晕的是南山榆杏，青绿色带黄头的是玉杏。各买了一些，回来吃吃看有什么不同。

绿化带里核桃树新长出的叶子，看一看可以消暑。

2018年6月13日　星期三

中午时天忽然阴下来，稀疏的大雨点滴
落下来，紧接着下起急雨。只一小会
儿，雨就停了。下午又下了一阵。凉
爽。穿短袖会感受到雨后的凉意。
校园里的大石头边上长出来的一小棵榉
树。

榉树

雪柳

2018年6月14日　星期四

雨后凉爽的一天，以及淋过雨后的
雪柳。
雪柳别名五谷树、挂梁青，现在已
经长出扁平、倒卵状椭圆形果实。

牡荆

2018年6月15日　星期五

牡荆的小叶边缘有粗锯齿。

2018年6月16日　星期六

学校里的榉树枝繁叶茂。

榉树

2018年6月17日　星期日

柿树上结了小柿子。

明天是端午节。买了粽叶、糯米，晚上在
家里包粽子。将包好的粽子放在蒸锅里煮
熟，满屋粽子的香气。

柿子

马齿苋

2018年6月18日　星期一

端午节。

昨晚煮好的粽子还是温的，不用上锅热就可以直接吃。

植物园里的马齿苋，植株肉质，茎带紫色，匍匐生长于路边。马齿苋的花很小，黄色，花瓣5瓣，也是很好看的。

2018年6月19日　星期二

梧桐正值盛花期。梧桐花淡黄色，
萼片条形，向外卷曲着落在地上。
从植物园步行至英雄山。山上的枣
树结了小枣。
黄昏时下起了阵雨。

大枣

山茱萸

2018年6月20日　星期三

闷热。

植物园里的山茱萸结了椭圆形小绿果子。山茱萸林边有一片青砖地，常年有老年人在此锻炼。今天见到的健身方式是五六个老人围着场子走太空步。远看有一种奇幻的气氛。小路上，一位大娘正走着太空步加入到大队伍里。

2018年6月21日　星期四　夏至

晴。27℃~36℃。南风，1级。
小区里的苦苣菜。

苦苣菜

2018年6月22日　星期五

晴。

阳光炙热，还好有风。

蛇莓结出的小红果，比草莓小很多。

蛇莓

2018年6月23日　星期六

晴。26℃~36℃。南风，3级。
香丝草的花，远看像小毛球，也很
可爱。

香丝草

2018年6月24日　星期日

木槿

院子里的黄瓜，每天可以摘下四五根做菜用。豆角虽结得少，但几根也可以成一盘。

小区里的木槿开花了。说木槿花朝开暮落，不如说朝开暮合更合适。曾经连续几天观察过同一朵木槿花，发现它在晚上闭合后，再过几天才会落下。

皱皮木瓜（贴梗海棠）

2018年6月25日　星期一

大雨。

下了一天雨。黄昏时在楼洞里躲了一会
儿雨。这次的雨让桥下成了一片"海
洋"。因为地势低洼，不能及时排水，
水没过了膝盖。撑着的伞只能保护得了
头部，肩膀以下都已被淋湿。有没打伞
的人，正冒雨前行。

植物园里的贴梗海棠。

文殊兰

2018年6月26日　星期二

潮湿闷热的一天。
楼下的一棵盆栽文殊兰。

一年蓬

2018年6月27日　星期三

26℃~35℃。

清晨的天空，卷积云密布。

北区的金银花开败了。石榴长得有拳头大小。楼下的苦荬菜长到了齐腰高，在楼前的一块空地上长成了一片小花海。小蓬草也蹿得很高了。

傍晚时分，天空又出现了一小团一小团的云彩。大雨将至，潮湿闷热。

"鱼鳞天，不雨也疯癫。"果然，夜里11点多，狂风大作，雷电交加，下起了紧密的雨。8—9级的大风和强降水，持续了近一个小时后，风声小了，雨点也小了。

2018年6月28日　星期四

空气质量优。

天空的云是大朵大朵白色透光的云彩，变换着不同的形状。空气透明度很高。

从飘窗向外望去，远处的群山清晰可见。

树荫下的风是怡人的。

在植物园里看到一棵柳树被昨晚的风刮倒了，横在已经干涸的河道边。几个园丁将树干一截截锯下来后用小推车推走。

芙蓉葵含苞待放。

芙蓉葵

西府海棠

2018年6月29日　星期五

继续好天气。

学校里的海棠树上结了小绿果子。

2018年6月30日　星期六

晴。23℃~35℃。东风，1级。
植物园里被风吹落在地上的一小枝
栾树果，还没有干枯。

栾树

七

月

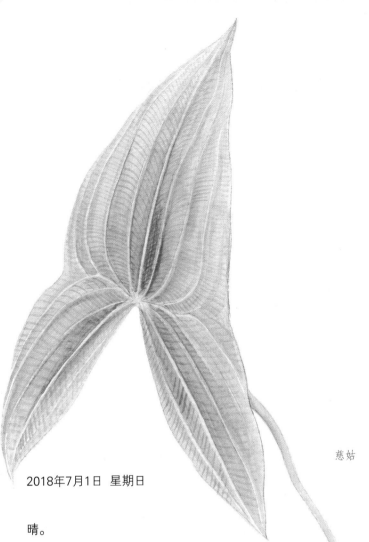

慈姑

2018年7月1日　星期日

晴。

清晨，看到一棵高大的构树斜在路边——是被前几天夜里强劲的风刮倒的。树上已经结了很多红色的果实。

路边摆放的盆花，隔一段时间就被换掉。

而那些生长在路边、得不到细心呵护的杂草，却随时有被修剪掉的危险。

然而一旦生根发芽，开花结果，便有生存下去的可能。它们平时一身尘土，雨后绿意盎然，是可贵的一点自然的气息。

今天第一次见到慈姑，是在植物园一个不起眼的小水池里。慈姑的叶子十分特别，很像一个箭头。

2018年7月2日　星期一

晴。闷热。
植物园里的流苏树的果子还
很小。这棵流苏树开花时，
树下会落很多纤细的白色小
花，捡回来做成标本，也是
很好看的。

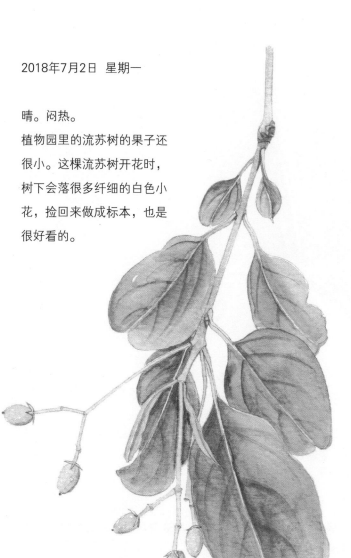

流苏树

山楂

2018年7月3日　星期二

多云。24℃~32℃。

东北风，2级。

虽然盛夏，但早晨的风是凉爽的风。

相邻小区里的一处不起眼的墙角处竟有几株酸模叶蓼，一只尖头蚂蚱呆呆地趴
在叶片上。草丛里，一只花猫警惕地瞪着眼睛，谨慎地在草丛里慢慢前行。

在开花的木槿树下乘凉，或者带着孩子在树下玩耍，或是骑着自行车路过的
人，都因有了这花树做背景，有了柔和美好的意味。小区里的木槿花有粉、白
两种颜色。

山楂正绿时。

2018年7月4日　星期三

早晨5点醒来，听到外
面淅淅沥沥的雨声。
拉开窗帘向外看去，沥
青路上已经湿了。雨不
大。
在小区里走圈，路边的
桃树结了小桃子，颜色
看上去不像能吃的样
子。

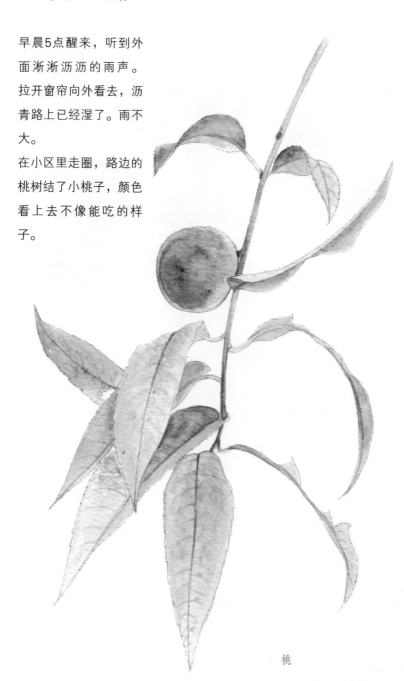

桃

芙蓉葵

2018年7月5日　星期四

黑虎泉公园。

风吹花落，有国槐的花落在水面。

其中有一朵槐花在流动的泉水里打着转儿，不肯随波逐流。这时一个小姑娘一脚踏进泉水中，小花顺势随水流走了。泉水冰凉。

路上处处是国槐的落花。

芙蓉葵盛开。

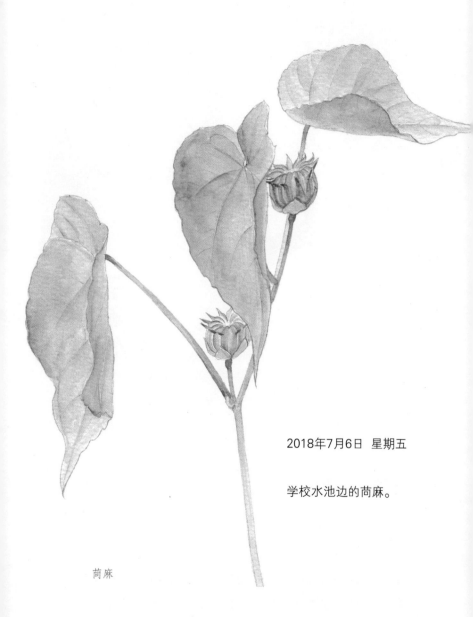

2018年7月6日 星期五

学校水池边的苘麻。

苘麻

2018年7月7日　星期六　小暑

今日小暑，天气开始炎热。
狗尾草不知什么时候冒出来的，已
经亭亭玉立了。清晨的阳光穿过林
立的高楼，恰巧落在一丛狗尾草
上，毛茸茸一层亮边，这是狗尾草
最辉煌的时刻了吧。

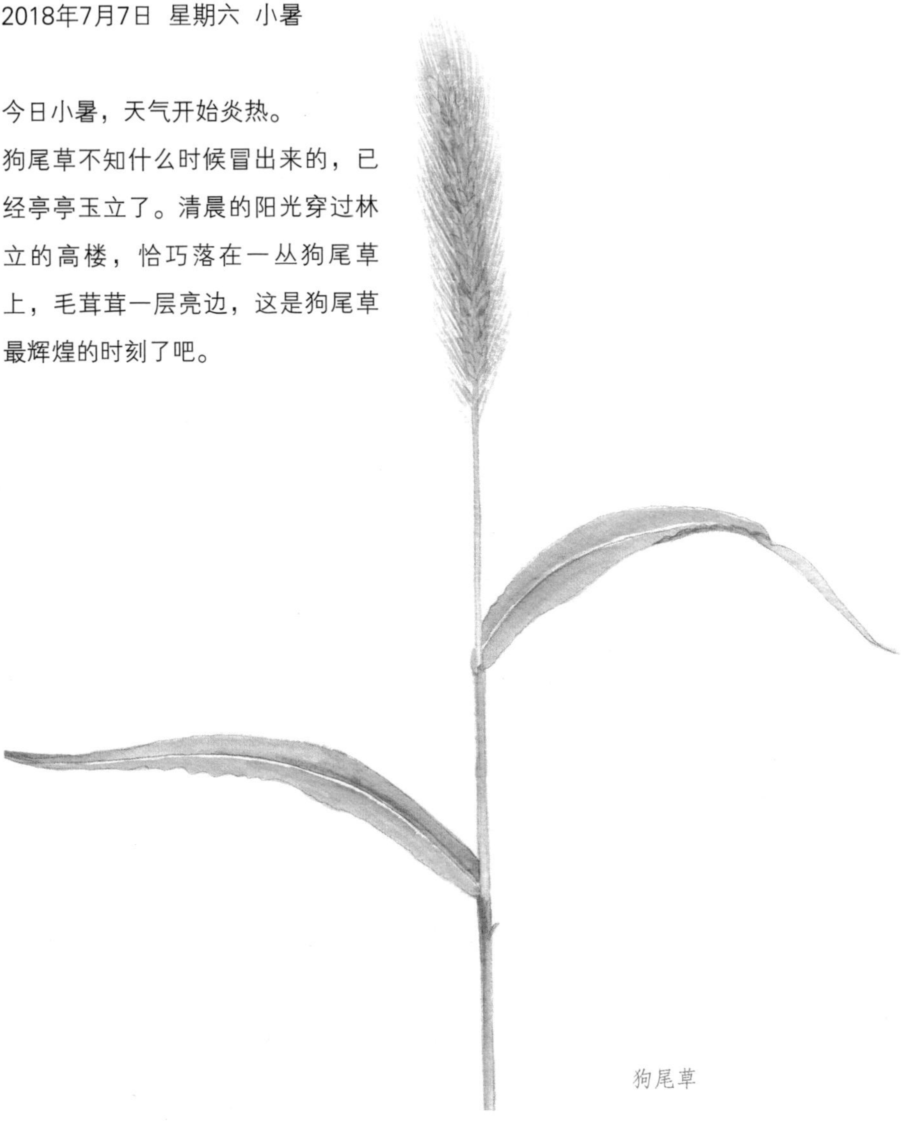

狗尾草

欧亚旋覆花

2018年7月8日 星期日

盛夏里开花的还有欧亚旋覆花，还
没大面积开放。

多花紫藤

2018年7月9日　星期一

清晨，雨时断时续，没有下大的意思，不打伞
也可以出门。

紫藤第二次开花，只开了一小串。

紫藤架下可以避雨，坐了几位推着小车看孩子
的老人。有两个小男孩不怕淋雨，在小广场玩
耍、追打。其中一个八九岁的男孩抱起身边的
弟弟当"盾牌"甩来甩去。弟弟完全不知情，
反而觉得好玩，不住地笑着。

绿化带里杂草丛生。狗尾草疯长，小蓬草也长
到1米多高了。

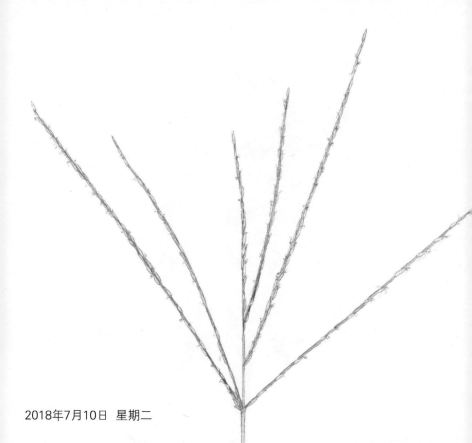

2018年7月10日　星期二

阴。

和昨天一样，清晨下了一点小雨。

闷热潮湿。10点多时，天一下子亮起来了。

毛马唐拥挤地长在马路边。城里的空间毕竟有限，寸土寸金，还要随时提防勤劳园丁的大剪刀、好奇宝宝的小胖手，野花野草生存不易。

毛马唐

美人蕉

2018年7月11日　星期三

阴。25℃~32℃。东风，1级。
路边花池里的美人蕉开花了，有大
红和橘红两种颜色。

2018年7月12日　星期四

晴。26℃~35℃。南风，2级。
盼了很久的钻叶紫菀长出来了，高约
30厘米，看上去像是柳树的小苗。

钻叶紫菀

稗子

2018年7月13日　星期五

晴。

阳光炙热，但树荫下有风吹过时是凉爽的。

森林公园进门处道路两旁的国槐落下了很多小花，被园丁堆成一小堆一小堆的，放在道路两侧。走在树下，不时有槐花落在头上、身上。那些还没来得及清扫的槐花，被路人踩平后像标本一样贴在地上。在沙堆处闲坐，看到不远处有一只金龟子，爪子朝上蹬啊蹬的，估计是翻不过身来了。过了一会再看时，见它勉强翻过身来后蹒跚地挪了两步，又歪倒，四脚朝天，重复刚才那一幕。

小区路边的稗子。

2018年7月14日　星期六

被下午的阵雨淋在高架桥下躲雨。
雨停后顺路去了学校。西校区的核
桃树上的叶子长得又大又低，需要
弯着腰在树下穿行。

核桃树

2018年7月15日　星期日

晴。

昨天下午的阵雨并没有带来清凉。小暑过后进入桑拿天。即使不怎么活动，身上也会出很多汗。走在外面有一种被放进烤箱烘烤的感觉。说进入烧烤模式，一点都不夸张。

"独占芳菲当夏景,不将颜色托春风"，在经历了早春的兴奋和初夏的平静之后，今天见到路边的紫薇开花了。紫薇花有淡粉色、白色、紫色，还有一种是特别浓烈的玫瑰红色，不多见。

紫薇

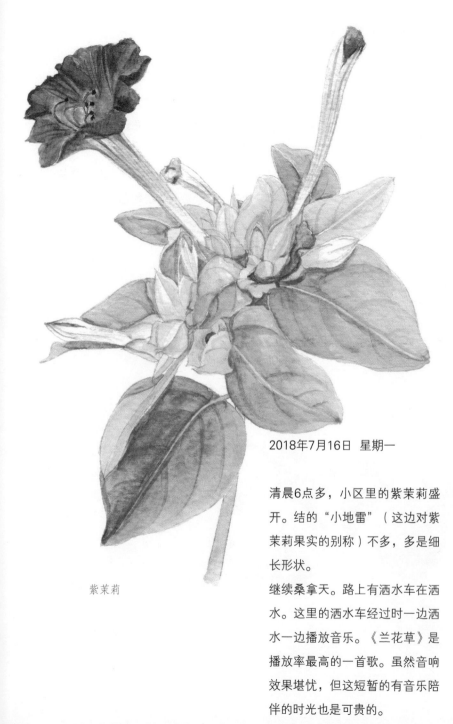

紫茉莉

2018年7月16日 星期一

清晨6点多，小区里的紫茉莉盛
开。结的"小地雷"（这边对紫
茉莉果实的别称）不多，多是细
长形状。

继续桑拿天。路上有洒水车在洒
水。这里的洒水车经过时一边洒
水一边播放音乐。《兰花草》是
播放率最高的一首歌。虽然音响
效果堪忧，但这短暂的有音乐陪
伴的时光也是可贵的。

铁苋菜

2018年7月17日　星期二

入伏第一天。虽然热，但因为有
风，感觉比昨天舒服了一点。
晚上在外面玩的时候，见天空一轮
上弦月，蓝得很均匀的夜空中有几
颗清亮的星。
路边的铁苋菜正慢慢长高。

鳢肠

2018年7月18日　星期三

小区绿化带里的鳢肠正值盛花期。

鳢肠别称旱莲草，开白色小花。

费菜

2018年7月19日 星期四

去买早饭，走了一条平时不常走的路。

路过一栋旧居民楼，看到楼后面种了一些花花草草。一位清瘦的白发老人正在楼下纳凉。见我走近，便打招呼，闲聊起来。老人热心地告诉我花池里的植物叫什么名字——有合香、土三七。并将这些植物哪一种泡水可止咳，哪种可败火——道来。问为什么不种点丝瓜之类的植物？她说这里不通风，种了也长不好。并且种了丝瓜，这些现有的植物都会受到影响。这时，我抬头看了看，才发现四周高楼林立，这片地方既不通风，阳光也照不进来。但即便如此，老人还是耐心地打理着这些植物。

费菜的别称很多，其中土三七是叫得最多的，常被种在花盆里，或是院前屋后的空地上。

藿香

2018年7月20日　星期五

持续地热。

藿香也常出现在住家门口的花盆
里。街道门头房前，店主贴着墙垒
出一方池子，填满土后种上几棵藿
香。尤其在炎夏，它本身散发出的
味道可暂时缓解一点点炎夏带来的
昏昏沉沉。

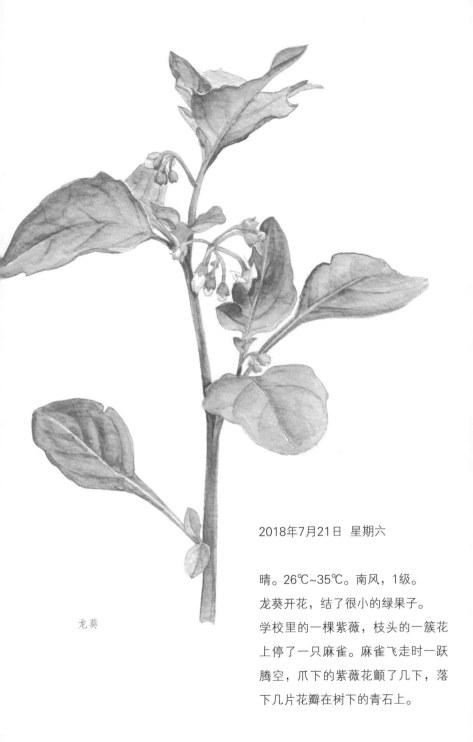

龙葵

2018年7月21日　星期六

晴。26℃~35℃。南风，1级。
龙葵开花，结了很小的绿果子。
学校里的一棵紫薇，枝头的一簇花
上停了一只麻雀。麻雀飞走时一跃
腾空，爪下的紫薇花颤了几下，落
下几片花瓣在树下的青石上。

2018年7月22日　星期日

晴转阴。27℃~37℃。东北风1级。
天气预报有大雨，但没下。
小区里的牛筋草长在绿化带边缘，
把马路牙子盖住了。最边上的被里
面的挤得将身子探向马路，像在和
路人打招呼。

牛筋草

蒺藜

2018年7月23日 星期一 大暑

24℃~35℃。东北风4级。湿度81%，空
气质量优。天气预报有雷阵雨。

早晨就刮起了强劲的东北风，凉爽。

在大明湖写生。

天空乌云密布，一缕阳光忽然从黑云间照
射下来，也就一小会的工夫，又消失了。

大明湖对面的百花洲，路边花坛里有蓝猪
耳、美女樱、环翅马齿苋。小店门口的花
盆里种着紫花凤梨。正值花期的再力花挺
立在路边的水池里。

蒺藜生长在操场边，已经开花并且结了小
果子。地稍瓜也开花了。大片的虎尾草被
风吹得左右摇摆。

下午的时候，酝酿了很久的雨终于下了起
来。

酸模叶蓼

2018年7月24日　星期二

百花洲路边一个人造水池边的石头夹缝里长出来的酸模叶蓼。喜水植物，有水的地方总能见到它的身影。

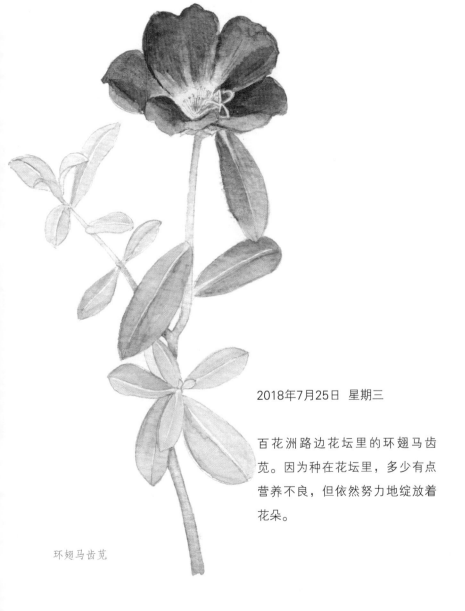

环翅马齿苋

2018年7月25日 星期三

百花洲路边花坛里的环翅马齿苋。因为种在花坛里，多少有点营养不良，但依然努力地绽放着花朵。

美女樱

2018年7月26日　星期四

和阔叶半枝莲一同生长在花坛里的美女樱，有紫色、粉红色、深玫瑰红色三种颜色。

中午，天空被一大片乌云遮住，只在远处的地平线之上可见一线亮光，大雨欲来。

下午下起大雨。将室内的绿萝拿到阳台淋雨，几次差点被风吹倒。于是又拿了进来。风雨交加，风裹挟着雨滴刮进阳台。

流苏树

2018年7月27日　星期五

阴天。

中午吃饭时，外面下起了大雨。

下午雨停。湿气自地面向上蒸发，雨后的植物园里依然湿热，知了也不叫了。

木桥上落了一些朴树、七叶树的枝叶。

流苏树上的小枝也被风吹到木桥上。

2018年7月28日　星期六

雷阵雨。25℃~37℃。东北风
2级。湿度93％。
几场雨过后，凉爽。
百花洲花坛里的蓝猪耳有玫瑰
红色和蓝色两种。

蓝猪耳（夏堇）

2018年7月29日　星期日

下午的时候下了一阵不大不小的雨。
比起备受呵护、开在显眼处的花，我更
喜欢路边不起眼的野草野花。
植物园里的香附子，在园丁眼里当属杂
草了。

香附子

2018年7月30日　星期一

上午阴天，中午下起雨来。
大明湖的荷花。

荷花

2018年7月31日 星期二

7月的最后一天。宁静的夏天。
小区里的旋覆花开了一小片。金黄
色。
植物园里的白杜结了浅绿色蒴果。

白杜（丝棉木）

八

月

2018年8月1日　星期三

水边的荩草。

荩草

七叶树

2018年8月2日　星期四

多云。26℃~36℃。东风2级。

迎面吹来的风有秋天的气息了。风带走了湿气，不像前几天那么潮湿闷热了。

经常坐在楼洞门口乘凉的几位老人挪到楼的东头去乘凉，更好地享受四面来风。

路边的旋覆花盛开，有蝴蝶立在花瓣上面。蜀葵开到了最顶端。

植物园里的天桥上落着七叶树的叶子。

萝藦

2018年8月3日　星期五

萝藦。

五叶地锦

2018年8月4日　星期六

一大早艳阳高照，重回闷热天气。

杂草丛生的绿化带里有人种了南瓜。南瓜秧伸出了绿化带，贴着地面延展到了路上。

小飞蓬

2018年8月5日　星期日

天阴得厉害。乌云很低地垂在空中，气势很吓人的样子。然而并没有下太大的雨。
因为在屋里待着，没有见到下雨的过程，屋里开着空调，关着窗户，也没听见雨的
声响。但出去的时候，见地上有积水。国槐的花落得到处都是，漂在水洼上。
校园里的这株小蓬草还很小。小区里的已经长到一米多高了。
小蓬草直挺的茎长到一定高度后分叉，待到开花时很像一个个小礼花在空中绽放。

2018年8月6日　星期一

小雨。27℃~34℃。西南风2级。湿
度62％。
中午下了一场雨。
学校里的扶芳藤，花白绿色，花盘
方形，虽不怎么起眼，但经看。

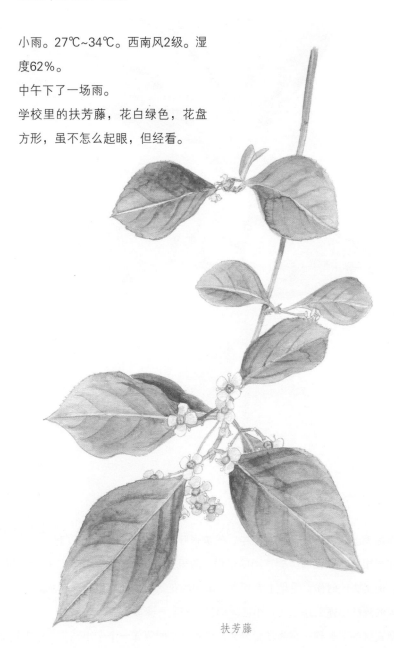

扶芳藤

2018年8月7日　星期二　立秋

依然闷热。

校园水池边的益母草开花。

待在空调屋里，出去时打开屋
门，一股热浪冲进来，很不适
应。然而在外面待久了，也就适
应了。

益母草

2018年8月8日　星期三

小区门口有两家卖西瓜的，一家卖
的西瓜品种叫"黑美人"，形同冬
瓜，很甜。另一家的西瓜品种是东
北大西瓜。因为瓜的个头都很大，
怕吃不了，买瓜时如果有其他买
主，两人会商量一下，将瓜一切两
半，一人拎一半回家。

下午5点多时，从窗外望去，远处
的天阴得厉害。太阳还未落下，给
楼群镶了一层亮边。

学校水池边的地构叶，花期已过，
直立的茎上结了三角状扁球形绿果
子，果子上有疣状突起。

地构叶

2018年8月9日 星期四

早晨往窗外看去白茫茫一片。到了下午雾气才散去。晚上空气透明度很好。7点多出去散步时看到路边的木槿花半合，10点多回来的时候，木槿的花瓣已经完全闭上了。晚风清凉。

小区路边的大刺儿菜花期接近尾声。

大刺儿菜

2018年8月10日 星期五

自立秋以来连续两天早晨都是雾霾天气。
忍冬在北区生长着几株，不知是谁种下
的。忍冬的花初开白色，慢慢变成黄色，
因此又叫金银花。

忍冬

2018年8月11日　星期六

学校里的牵牛已经爬得很高，但还未开花。今年
花期延迟，不知道是什么原因。
鬼针草最不经晒了，大都蔫着。
车库门口的鹅绒藤无处可攀，藤蔓打着卷，没着
没落的，延伸到路上。
鹅绒藤花开白色，细圆柱形蓇葖果已经长成。

鹅绒藤

2018年8月12日　星期日

小区里的西瓜苗开小黄花。

西瓜

244

2018年8月13日　星期一

构树，雌雄异株。雄花序为柔荑花序。雌花序头状，球形。花谢后，一枚枚小绿果子悄然长大，熟时橙红色。成熟后的果实摸上去黏黏的，挂在枝上时很好看，但落在地上的很少有完整的。往往一颗红果周边浆汁四溢，给人一种惨烈的感觉。

构树

狭叶尖头叶藜

2018年8月14日　星期二

夜里就听到雨声。清晨，雨还在
下。小区里的狭叶尖头叶藜长得很
像一棵小树了。

2018年8月15日　星期三

小区里的萝藦开花。

坐动车去青岛。在车上看到车窗
外流动的云彩变幻莫测。

到了青岛就遇大雨，在地铁口躲
雨。湿度大，进到地下车库时，
一股潮湿的味道扑面而来。

萝藦

247

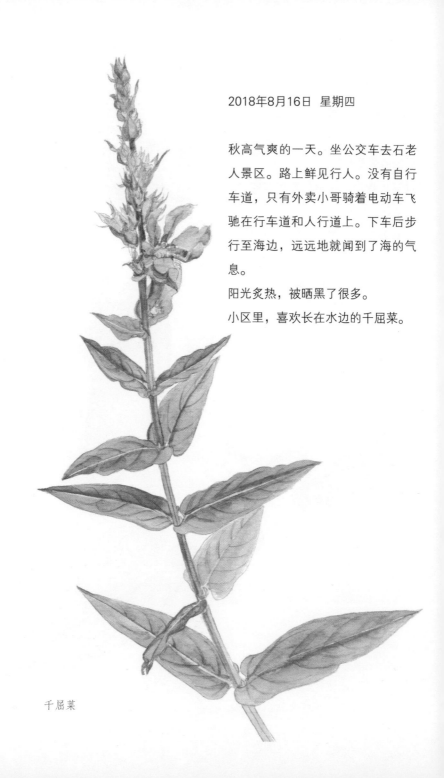

2018年8月16日　星期四

秋高气爽的一天。坐公交车去石老人景区。路上鲜见行人。没有自行车道，只有外卖小哥骑着电动车飞驰在行车道和人行道上。下车后步行至海边，远远地就闻到了海的气息。

阳光炙热，被晒黑了很多。

小区里，喜欢长在水边的千屈菜。

千屈菜

枸杞

2018年8月17日　星期五

雨。

一大早就下起雨来，雷声轰鸣，下的是中雨。

对面的浮山黑压压的。黑云掠过山头，只在更远处有几朵白色的云彩，透着一点点蓝色天空。一层薄雾将浮山和它后面的一座山隔开。

不断有飞机飞过。远处就是机场。

小区门口的枸杞。

2018年8月18日　星期六

小雨。

小区里的海桐结了果子。海棠也
果实累累挂满枝。鸭跖草的叶子
上有雨滴，开着蓝色小花。因为
台风的原因，第一海水浴场的浪
很大。尽管海边有护栏，但进到
海里玩儿的人仍然很多。海面上
大朵的黑云漂浮着，很小的毛毛
雨下着。日光从大朵的黑云之间
投射下来。

海滩边上的路边，一小片绣球正
开花。

鸭跖草

贼小豆

2018年8月19日　星期日

夜里开始下的雨，到早晨还没有停，白茫茫的雾气将浮山山头遮住。

下楼去小店里吃了早饭。回来后在小区里散步。

雨时断时续。一树粉色紫薇随风摆动，枝头的花在灰蓝色天空的映衬下格外好看。还有一树紫薇，雪青色的细碎花瓣，散落在草丛间。水边长着很多鸭跖草，有的浸在水里，只有蓝色小花露出水面。那些路边的鸭跖草则隐藏在石楠丛中。莄草，郁郁葱葱。走在台阶上，不知谁摘的莲叶，茎朝上倒扣在石阶上。珊瑚树结了红果子，南天竹的果子还绿着。萝藦和千屈菜都开花了。几位大妈围坐在亭子里聊家常。走过时有"清蒸"或"凉拌"的字眼传入耳中。

水池边生长着贼小豆，攀缘在一切可攀缘的植物上。贼小豆的花黄色，总花梗远长于叶柄，花少而疏，隔一段开一小朵，很有节奏。

绣球

2018年8月20日　星期一

雨后的凉爽天气。
第一海水浴场附近的绣球开花。

山麦冬

2018年8月21日　星期二

小区里的旋覆花已经开败了，东倒西歪一幅落败
的样子。
在临近小区里看到一丛开着花的山麦冬。

石蒜

2018年8月22日　星期三

坐长途车回妈妈家。中午下了很大的阵雨。

晚上在南边马路上散步。车辆稀少，路灯昏暗，听到路边浅草丛中各种虫子的叫声。可以确定的只有蟋蟀。有一种长鸣不断的声音，不知道是什么小虫发出来的。小区的水池里有青蛙的叫声。

石蒜长在墙边。在灰色水泥墙的衬托下，石蒜的花更显鲜艳。

土人参

2018年8月23日 星期四 处暑

和妈妈聊天。

她说："山楂开花，果子俩角"方言管角念jiā。意思是山楂树开花的时候，花生开始发芽。"桃花开，杏花败，栗子开花卖青菜。"意思是栗树开花的时候，青菜上市。这是农谚里的日常、四季。

黄昏时分去湖滨小区，每到一处便惊起一群蚊子。随即，暴露在外面的胳膊和腿上便起了大大小小的包。没有露在外面的部位也被蚊子隔着衣服叮咬，防不胜防。

走到一棵石榴树下，正在抱怨蚊子太多，一位大爷指着树下的艾草说："摘一片艾叶擦在胳膊上可以止痒。"说话间大爷手拿镰刀去远处溜达，说要寻找另一种止痒草。天色渐暗，我心急去别处拍照，但想到大爷还没回来，便在原地等了一会儿。在这里可以看到正在开花的石蒜、地稍瓜。墙角的鸡冠花开得又俗又美。

小区边缘的一座楼前，几乎全被树荫遮住。树下有酸浆，结了灯笼一样的果子。有一户住在楼头的人家，将周围辟出一小片田园，种着梨树、杏树、苹果树。一架猕猴桃硕果累累，门前有人在劈柴。走在这条小路上，有一种穿越回旧时光的感觉。

红砖墙前的土人参开着极小的粉色花朵，结了比花还小的红果子。

饭包草

2018年8月24日　星期五

在喜欢的湖滨小区里可以看到的植物有：具芒碎米莎草、商陆、紫茉莉、猕猴桃、酸浆、银杏、鸡屎藤、地梢瓜、凤仙花、苦瓜、鸡冠花、土人参、决明、小天蓝绣球、光叶子花、石蒜、牡丹、茑萝、樱桃树、石榴树、核桃树、杏树、梨树、苹果树、大叶女贞、栾树、洋白蜡。

饭包草长在一楼一户人家的院子前。一根晾衣绳上晾着白绿相间的方格床单。地上放着的一个绿色塑料盆里整齐地摆着散开的面条，大概返潮了需要风干。

紫露草

2018年8月25日 星期六

三伏天从7月17日至8月25日。今日出伏。

处暑已过，三伏天也过去了。

清晨8点的湖滨小区。

尾随着一只斑纹猫走进一条楼前小道。小猫脚步谨慎，几步一回头，满脸疑惑地看着我。楼前绿化带里一排石榴树上已挂满拳头大小的石榴。石榴树之间夹杂着几棵矮香椿，大概种了没多久。紫薇花夹杂在绿树丛中，格外显眼。

往前走，先是看到缠绕在冬青卫矛上的玫红色牵牛花向阳绽放。走几步又见几朵蓝色牵牛花。墙根一溜金银花攀缘在已经生满铁锈的窗架上。

再往前走，看到种在院子里的丝瓜爬出了墙头，开花的开花，结瓜的结瓜。爬出来的藤蔓耷拉在水泥墙上，在太阳的照射下拉出长长的影子。

一棵樱桃树下摆了张老木头圆桌，桌上摊着米字格毛边纸，几只毛笔泡在旁边的水盆里。一颗无花果悠闲地躺在水盆边。桌边一个小马扎，写字的人不知去向。

清晨开放的紫露草。

凤仙花

2018年8月26日　星期日

炎热的一天。像是回到了夏天。

凤仙花开得层层叠叠。

用凤仙花染指甲，大概是很多女孩小时候做过的好玩儿的事情。还有它的种子，完全成熟后一触即裂，因此被叫作急性子。

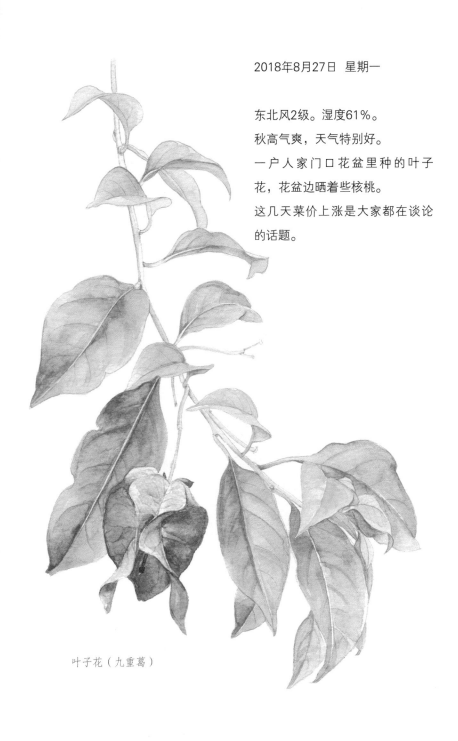

2018年8月27日　星期一

东北风2级。湿度61%。
秋高气爽，天气特别好。
一户人家门口花盆里种的叶子
花，花盆边晒着些核桃。
这几天菜价上涨是大家都在谈论
的话题。

叶子花（九重葛）

牛膝菊

2018年8月28日　星期二

云彩是毛卷云。

上午11点多，操场上只有一个人在赤膊跑步。他一只手里握着一把太阳伞，另一条胳膊很有规律地摆动着。

牛膝菊，长在楼前的一片空地上。和它较宽大、有粗锯齿的叶片相比，开出来的小花略显压抑。

2018年8月29日　星期三

早上外面雾气很重。
晚上打开窗户，凉爽的风吹进来。
仔细看一会儿的话，枣也很可爱啊。

枣

2018年8月30日　星期四

雨。

上午一直阴天。下午2点多，天空飘起了小雨，伴着几声闷雷。秋天的雨不比夏雨急，不紧不慢，悄无声息。

尽管皱果苋的灰褐色花序看上去很不起眼，但它确实在开花。

皱果苋

决明

2018年8月31日　星期五

起床后看到窗外空气很好。

出门买饭。

秋雨无声，看到地上的积水，才知道昨晚下了一场雨。路上骑自行车的人大都长袖打扮，穿短袖已觉得冷了。走到半路，天空又飘起似有若无的雨来。看看天空还是晴朗的样子，云是白色的，估计雨不会下太久。菜价有所下降，香菜3块钱一两。在菜店里，买菜的大娘买完菜后要求店主送根香菜，卖菜的大个子（这一片的人对店主的称呼）白了她一眼。提着豆浆油条往家走，眼镜片上一会就落满了雨滴，眼前的事物变得柔和起来，且带着光圈，如梦似幻。

长在院子前面的决明，在植株还不高的时候，会误以为是花生。它的叶子和花与花生很像。但等它长到一定高度，花谢后长出长长的纤细荚果后，便可确定是决明无疑了。决明有一个别称叫假花生。

九

月

2018年9月1日 星期六

多云。东北风1级。湿度50%。
早晨去买菜,路过旧街区,市井生
活,人间烟火。
牵牛花终于登场了,紫色牵牛花开
在路边。牵牛花的花期比田旋花和
打碗花晚很多。
菜市上有卖鲜花椒和核桃的了。

牵牛

2018年9月2日 星期日

南风3级。湿度90%。

旧小区一楼，种在院门前的芝麻已经开花结果。芝麻开花时，最下方的花先开，然后自下而上逐次开放。芝麻的蒴果有纵楞，此时还没完全成熟。

从菜市上买回来的蒲菜很嫩，拿起来的工夫就从中间断开了。第一次买，清炒了吃，味道清淡。

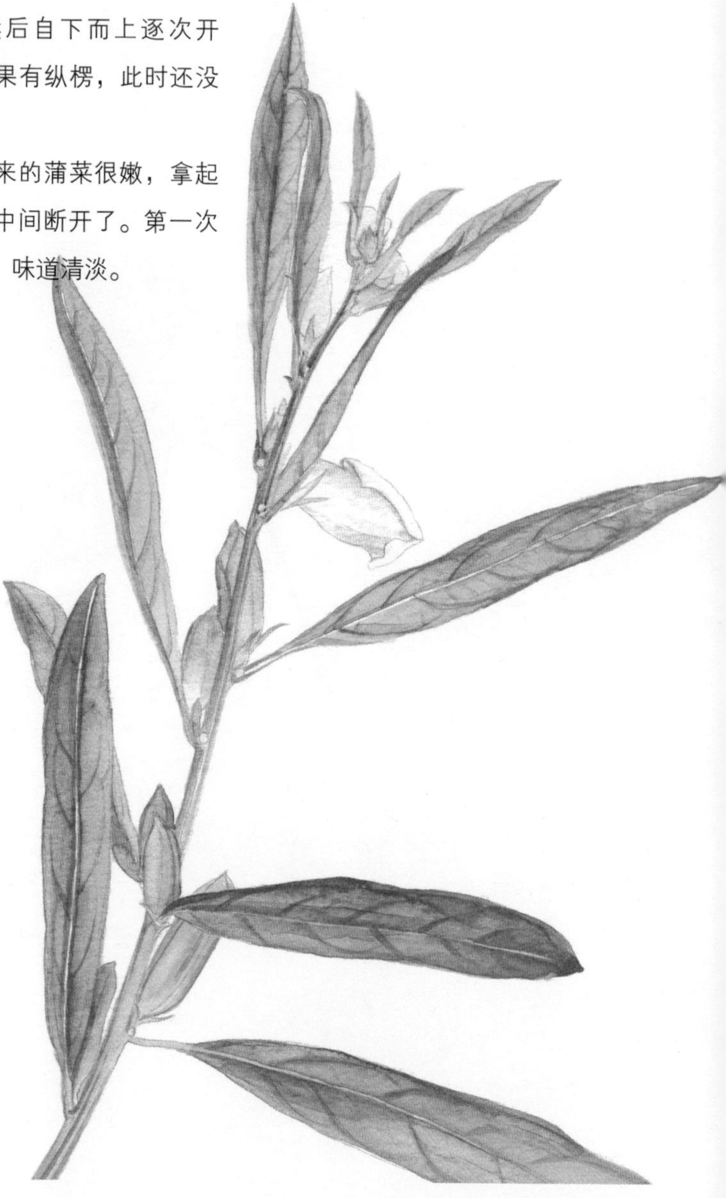

芝麻

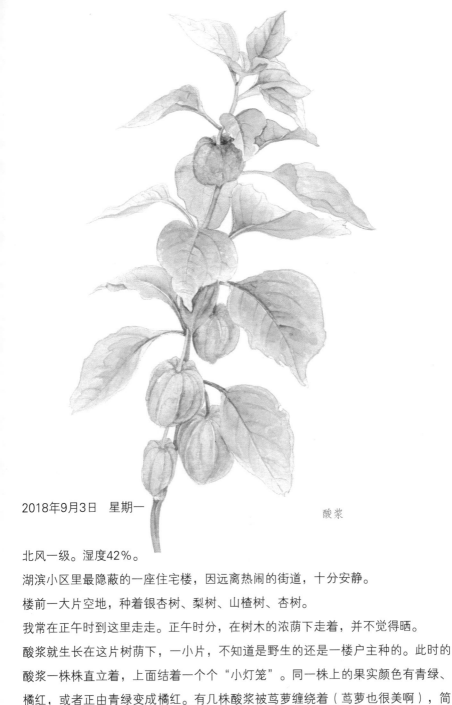

酸浆

2018年9月3日　星期一

北风一级。湿度42%。

湖滨小区里最隐蔽的一座住宅楼，因远离热闹的街道，十分安静。

楼前一大片空地，种着银杏树、梨树、山楂树、杏树。

我常在正午时到这里走走。正午时分，在树木的浓荫下走着，并不觉得晒。

酸浆就生长在这片树荫下，一小片，不知道是野生的还是一楼户主种的。此时的酸浆一株株直立着，上面结着一个个"小灯笼"。同一株上的果实颜色有青绿、橘红，或者正由青绿变成橘红。有几株酸浆被莺萝缠绕着（莺萝也很美啊），简直是分散人的注意力。

269

2018年9月4日　星期二

天气很好。

住在一楼的人家在楼前放杂物的小屋
前用红砖垒了一个方形池子，里面填
满土，种上扁豆。扁豆长到一定高度
后，在边上支上几根长木棍。于是，
扁豆便沿着木棍往上爬。爬着爬着，
藤蔓超出了木棍的长度后，先是没着
没落地在半空悬着。不知道哪天，再
去看时，人家已经又攀上了附近高处
的几根管子。砖缝里有蟋蟀的叫声。
今天路过时看到青蔓上开出了白花。

扁豆

银杏

2018年9月5日　星期三

清晨6点多的云很壮观，可以停下来看一会
儿，早起的福利。

银杏的种子还未完全成熟时是很好看的，椭圆
形，白中透着淡淡的黄色，一个个（也有两个
对着）挂在枝上。

2018年9月6日　星期四

连日好天气。
小区绿化带里的灰菜把马路牙子盖
住了。
楼下不知谁种的藿香正在开花。
藿香，这边常称为"合香"，茎四
棱形，花淡紫色。

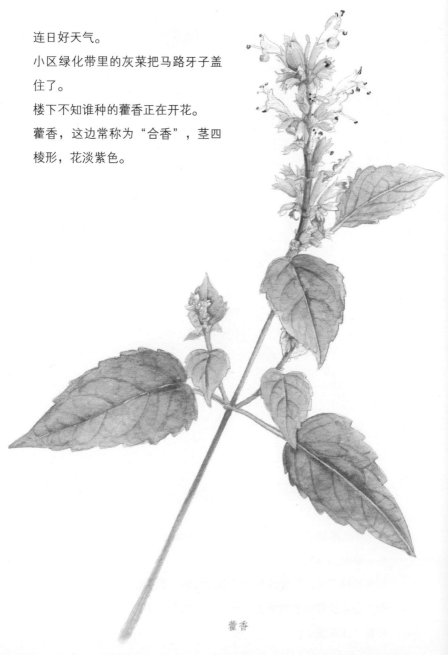

藿香

苦瓜

2018年9月7日　星期五

秋天是看云的好季节。

清晨去买早饭的路上，看到路边栅
栏里的苦瓜把花开在了栅栏外。

苦瓜开比丝瓜花小得多的黄花，结
了很小的苦瓜。栅栏旁有时放着一
个空酒瓶，有时晾着一双黑面白帮
布鞋。不远处有个早餐摊，早起的
摊主正在炸油条。

海桐

2018年9月8日　星期六　白露

海桐结了圆球形绿色果实，顶部有个小
尖。不久以后，果子完全成熟后便会裂
开，露出里面鲜红色的种子。

钻叶紫菀

2018年9月9日　星期日

晴。南风2级。湿度53%。
白露之后，小区绿化带里的钻叶紫
菀开花了!
花很小，也不起眼，用手机拍的话
都难以拍清楚。

牡丹

2018年9月10日　星期一

多云。
这不是海星，也不是派大星，是牡
丹的果实和种子。

2018年9月11日　星期二

晴。南风2级，湿度68％。
不知道是谁种在绿化带里的南瓜。
南瓜花清晨开放，中午见到时花瓣
已收拢。

南瓜

2018年9月12日　星期三

清晨开放的丝瓜花是这个季节最亮眼的风景。丝瓜藤下常见到很多凋谢的丝瓜花，收拢成一个个小圆球的样子。

丝瓜

费菜

2018年9月13日　星期四

晴。

菜市上有卖萝卜缨的。一筐一筐装着，看
上去很好吃的样子。

买菜路上经过旧小区，一楼户主在门口的
花盆里种着费菜。费菜开花黄色，5瓣。

2018年9月14日　星期五

因为物业管理松散，小区的绿化风格很随意。

早晨走着走着能遇见一朵伸到路上的南瓜花；小时候常见的龙葵在这里随处可见；一片片小蓬草长得像个小森林；毛马唐和牛筋草茂盛得盖住了马路牙子；明黄色的丝瓜花旁一朵淡紫色牵牛花盛开……植被丰富，我很喜欢。

从铁栏杆伸出来的扁豆已经结了小小的豆荚。

扁豆

葎草，雌株

2018年9月15日　星期六

雨。

小区绿化带里野生的葎草，攀缘在小叶黄杨上。

葎草的别名叫拉拉藤，因它的茎、枝、叶上均长有钩刺，常常让人敬而远之。虽然从小就很喜欢脚踩泥土，在草丛中探索，但见到一大片长有拉拉藤的地方，是无论如何也不敢踏进半步的。

2018年9月16日　星期日

小雨。东北风2级。湿度28%。
第一次注意到珊瑚树的红果子。珊瑚树的果子初为橙红色，慢慢变成红色，之后渐渐变成紫黑色。
一串串红色的果子，是一道道靓丽的风景。

珊瑚树

大花马齿苋

2018年9月17日　星期一

大花马齿苋。

鸡爪槭

2018年9月18日　星期二

小雨。

最近几天一直阴沉着天，雨也若有若无。秋雨太过温柔了。狗尾草已经枯黄，旋覆花只有几朵还勉强开着，野蓟也是。南瓜花在清晨开放，到了中午，大朵黄花便蔫了。

一场秋雨一场寒，昨天还穿短袖，今天再穿的话就觉冷了。

鸡爪槭结了小小的绿色的翅果。

蒙古莸

2018年9月19日　星期三

森林公园的蒙古莸正在开花。

山楂

2018年9月20日　星期四

清晨出门买菜，下着很小的雨，迎面一只小泰迪身上披着一个塑料袋在雨中前行。

菜市上有人将山楂放在藤编筐子里卖。挑了一小枝还带着叶子的买回来画。画完后怎么看都不如长在树上的有活力。

韭菜

2018年9月21日　星期五

雨停了，雾气很重。
一户人家在门口的花盆里种了鸭跖
草，花瓣大多蔫着。旁边的韭菜花
开得正好。

茉莉

2018年9月22日　星期六

晴。北风2级。湿度59%。

早上去旧居民区。路上，前边有人推着自行车"溜"
了一段路。住在楼上的人家，在清晨6点多将茉莉花
搬到楼下户外通风晒太阳，照顾得很好。

2018年9月23日　星期日　秋分

晴。

今天在近郊见到的圆叶茑萝，生长在看似荒凉的一大片空地上。空地上只有几株不太精神的被剪成球形的冬青。但还是走到近处，于是发现竟然有一株圆叶茑萝缠绕在冬青上。近黄昏的时候，橙红色。

圆叶茑萝

柿

2018年9月24日　星期一

中秋节。

晴。

柿子还没完全成熟，下半部分转成橘
红色，上半部分还透着青涩的绿色。

毛曼陀罗

2018年9月25日　星期二

阴。

天气已经冷了。二八月乱穿衣，路上行人有穿羽绒服的，也有穿短袖衫的。

今天看到的植物有六月雪、苏铁、圆叶茑萝、鹅掌藤、珊瑚豆、大花马齿苋、短叶罗汉松、异叶南洋杉、韭莲、紫苏、南瓜、毛曼陀罗。

小区绿化带里绿植的颜色逐渐衰退。唯有一株高约50厘米的苣荬菜开着耀眼的黄花，挺立在杂草中格外显眼。

毛曼陀罗开花了。

2018年9月26日　星期三

旧小区楼前的空地上种的牛膝。

牛膝

2018年9月27日　星期四

六月雪

晴。南风2级。湿度49%。

《花镜》中写：

六月雪，一名悉茗，一名素馨。六月开细白花，
树最小而枝叶扶疏，大有逸致，可作盆玩。喜轻
阴，畏太阳，深山丛木之下多有之。春间分种，
或黄梅雨时扦插，宜浇浅茶。

亲戚家的这棵盆栽六月雪被摆放在向南的窗台
前，这个季节里开出了小白花。

2018年9月28日　星期五

韭莲开花了。

韭莲

珍珠椒

2018年9月29日　星期六

珍珠椒，观赏辣椒的品种，是常被
种在门前的植物。

2018年9月30日　星期日

小区绿化带里的鬼针草正开花。

鬼针草

十

月

桂花

2018年10月1日　星期一

晴。13℃~23℃。西北风2级。

趵突泉公园里的桂花开放，香气袭人。桂花初开雪
白，渐渐变黄。作为常年生活在北方的人，我今天
第一次见到桂花。

大丽花

2018年10月2日　星期二

晴。

清晨，从窗户向外望去，可以清晰地看到远处的群山，就知道今天是个好天气。

去爬了附近的山。山上有蓝刺头、展枝沙参，这在城市里不太容易见到。

在楼前、院后，大丽花是这个季节开得最耀眼的花。

柑橘

2018年10月3日　星期三

正午时分，被涂成黄色和灰蓝色的墙上有斑驳的树影。很多人家门前种着紫苏，菊芋也正开花。一位大爷正在劈柴，大娘站在葫芦架下，邀我们进屋喝茶。

一户人家门前落着香椿的果实。香椿芽常吃，但香椿果实头一回见。

门前的柑橘尚青。

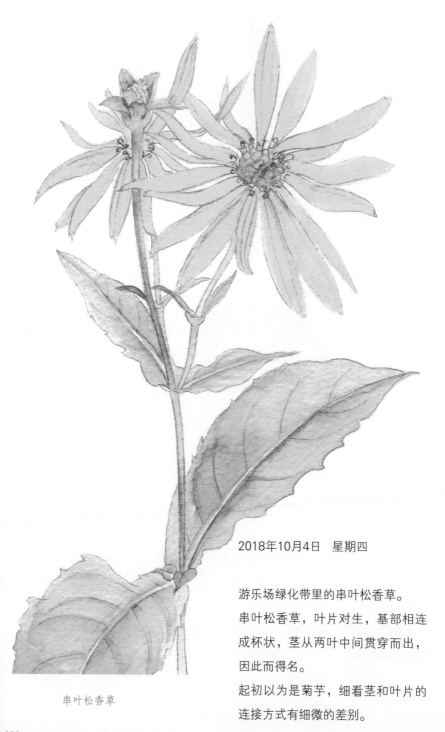

2018年10月4日　星期四

游乐场绿化带里的串叶松香草。

串叶松香草，叶片对生，基部相连
成杯状，茎从两叶中间贯穿而出，
因此而得名。

起初以为是菊芋，细看茎和叶片的
连接方式有细微的差别。

串叶松香草

蓝眼菊（非洲万寿菊）

2018年10月5日　星期五

还未建好的华山一带景区。花坛里
有一小片粉黛乱子草，看上去如红
色云雾，很多人在拍照。
非洲万寿菊也是刚种上不久。

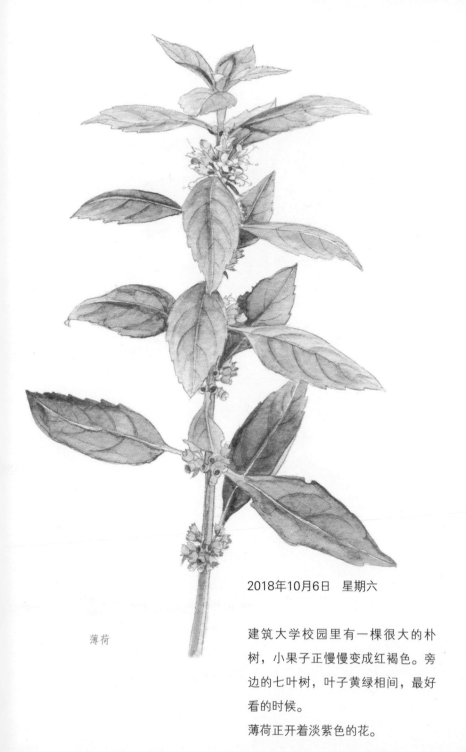

2018年10月6日　星期六

薄荷

建筑大学校园里有一棵很大的朴
树，小果子正慢慢变成红褐色。旁
边的七叶树，叶子黄绿相间，最好
看的时候。
薄荷正开着淡紫色的花。

翠菊

2018年10月7日　星期日

后宰门街一户人家门口的马樱丹正
开放。
翠菊也是可以唤起童年记忆的花，
记忆里常被种在平房大门外面的空
地里。翠菊别称江西腊，现在走在
旧街区时还会看到。

菊芋

2018年10月8日　星期一　寒露

院子外面的公共区域，不知道是谁种的一大片菊芋，此时正开着美丽
的黄色花朵。

仿佛一夜之间，草坪里萧瑟了很多。礼花状的小蓬草枯黄，狗尾草已
然枯黄成一大片。原本爬得到处都是的牵牛花一朵都寻不见了。

晚上下起了雨。起初是冰雹，后面下的就是急雨了。

构树

2018年10月9日　星期二

是清冷的秋天了，入秋后最冷的一
天。街上甚至有人穿上了羽绒服。也
有不怕冷的。在小区门口，一个年轻
人穿着白色短袖T恤衫悠然地走在强
劲的冷风里。
紫薇花谢了，木槿还有零星开着的。
构树的叶子依然在冷风中绿着。

天竺葵

2018年10月10日　星期三

空气质量优。依然冷。

原本以为牵牛花都谢了，没想到在去超市的路上见到还开着的。

看到天竺葵让人不由想起小时候的街巷——晾衣绳上的大红牡丹花纹的床单还滴着水，门口的泥瓦花盆里种着几株天竺葵，也不用太细心呵护，就可以开出红艳艳的小花。

2018年10月11日　星期四

花坛里刚种上的香彩雀有深
紫和粉红色。有点无精打采
的样子。

香彩雀

垂丝海棠

2018年10月12日　星期五

气温有所回升。

垂丝海棠结了小红果子。

苍耳

2018年10月13日　星期六

阴。

回乡。在树林里看到一大片苍耳。此时的苍
耳，纺锤形的绿色瘦果，上面的刺还没变硬，
用手去触摸的话还不扎手。

朴树

2018年10月14日　星期日

朴树。

2018年10月15日　星期一

植物园里，被园丁修剪下来的竹
子，扔在路边。看着好看，于是捡
了一支打算回来做插花。谁想拿回
家后，竹叶都卷边了。

早园竹

2018年10月16日　星期二

路边的金钟花。

金钟花

2018年10月17日　星期三

吊竹梅，旧日家庭里的常见盆栽。属于旧时光的盆栽还有文竹、蟹爪兰、珊瑚豆、仙客来，还有一些叫不上名字的花草。

吊竹梅

鹅掌柴

2018年10月18日　星期四

晴。

买早饭，包子铺门口的花盆里种的
鹅掌柴。

菊花

2018年10月19日　星期五

晴。

花朵亮白的菊花，开在一户人家院
子前面的空地上。

香椿

2018年10月20日　星期六

路上有被风吹落在人行道上的花瓣状的果实，是香椿的果实。小心地带着上公交车，还是被挤掉了几片果瓣。香椿的蒴果深褐色，狭椭圆形，完全成熟干燥后会开裂成5瓣，果瓣向外翻着，很像一朵小花。中间的部分是果轴，有5条棕褐色棱线。种子着生于果轴及果瓣之间。裂开的果实，里面的种子已不知道飘落到哪里了。

马樱丹

2018年10月21日　星期日

阴天中的秋天更显萧瑟。

清晨路边的木槿，只在树的顶端稀疏地开着几朵花。

后宰门街一个胡同里种的马樱丹。

在一户人家门口拍一盆长得茂盛的辣椒。大爷身后跟着一只小泰迪。见我在拍
照，大爷从防盗窗上拿出一小枝辣椒，掐了辣椒送给我，说："这是五彩椒，
起初是淡紫色，然后变成红色，可好看呢！"

罗勒

2018年10月22日　星期一

盆栽罗勒。

2018年10月23日　星期二　霜降

今天的植物园里有很多学生在写生。鸟鸣声密集。南天竹结了一串串火红果子。山茱萸最好看的时节，枝上的果子有的已经变红，有的还青着。月季园里的月季正盛开，粉色居多。沿阶草上落满黄叶。

芙蓉街一家餐厅里的插花——红果金丝桃。

红果金丝桃

东方野扇花

2018年10月24日　星期三

插花，东方野扇花。

罗汉松

2018年10月25日　星期四

作为盆景的罗汉松。

2018年10月26日　星期五

后宰门街一户人家门口的花盆里竟
然有一棵红蓼。

红蓼

菊花脑

2018年10月27日　星期六

日渐枯黄的草地上出现了一小
丛耀眼的金黄色——是菊花脑
开花了。

山茱萸

2018年10月28日　星期日

晴。

植物园里的山茱萸，叶子尚绿，枝上的果子有不同深浅的红色。梧桐树下落了一些梧桐的果实。

海州常山

2018年10月29日　星期一

晴。
植物园里的海州常山。
海州常山在花开之后，萼片变成紫红
色，中间的核果蓝紫色，远看像花。

南天竹

2018年10月30日　星期二

清晨6点的街道上，一辆洒水车正在路边的取水桩蓄水。

出门买早饭。在熟悉的街道旁，看到一辆带大梁的老自行车停靠在楼前。小时候飞腿上车的情景瞬间涌入脑海。拍了照片发到朋友圈。一位和我年龄相仿的朋友留言说她都是三叉里骑。回来的时候，车子已经被主人骑走了。

路边的南天竹结了火红色的果实。

槐叶决明

2018年10月31日　星期三

晴。

后宰门街经常有情侣在拍婚纱照。一条由青石板铺成的小
路上游人如织。今天去的时候看到了路边的槐叶决明。

月

兰屿肉桂

2018年11月1日　星期四

兰屿肉桂。

白英

2018年11月2日　星期五

小区这几天清除杂草。疯长了一个夏天的杂草被园丁用割草机割平后，被堆成一堆一堆的。生长在墙边，攀缘在白皮松上的白英，因为位置隐蔽，被园丁漏掉，得以生存下来，此时已经结了绿色的果实。

龙葵

2018年11月3日　星期六

晴。

在杂草清理中幸存的龙葵。龙葵的
叶子特别招虫，上面总是布满虫子
咬过的大大小小的洞。

2018年11月4日　星期日

植物园里的牛奶子，叶子少数有变
黄的了。

牛奶子

火棘

2018年11月5日　星期一

小雨。

雨不知道什么时候开始下的，清晨起床后见窗外一片雾气。

细密的雨，即使打着伞，雨丝也会从四面八方落在脸上、衣

服上。有的人干脆不打伞。地上落满了元宝槭和洋白蜡已经

变黄的叶子。水洼里落的柿子叶，红得亮眼。

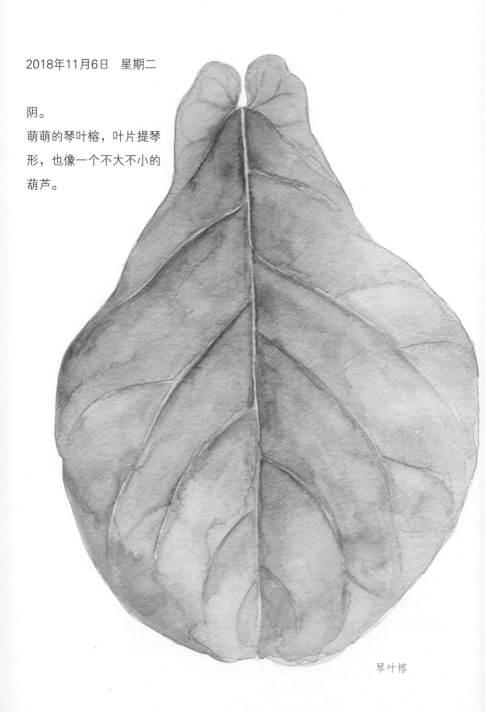

2018年11月6日　星期二

阴。

萌萌的琴叶榕，叶片提琴形，也像一个不大不小的葫芦。

琴叶榕

2018年11月7日　星期三　立冬

阴转晴。

9点50分，阳光一下子照进房
间，心情也明亮起来。

夜香树

苏铁

2018年11月8日　星期四

小雨。

绵绵细雨从早晨一直下到晚上，中间看似停了，其实还会有零星雨滴落下来。洋白蜡的落叶浸在雨水里。

蚊母

2018年11月9日　星期五

植物园里的蚊母树叶子。

龟背竹

2018年11月10日　星期六

晴。

龟背竹。

在看了好多以龟背竹为题材的装饰画后，见到真实的龟背竹

时，反而有一种不真实的感觉。

2018年11月11日　星期日

晴。
百花公园里的平枝栒子，枝上稀疏的
圆形叶子之间点缀着红色的果实。

平枝栒子

2018年11月12日　星期一

晴。

万寿菊因茎叶散发出一种特殊的气味，又被称作臭芙蓉。花瓣层叠、繁复，但细看它的叶子，十分清新。

万寿菊

2018年11月13日　星期二

连日雾霾，植物园里的刺楸，大片
大片的叶子落下来，叶梗长长的。

刺楸

水杉

2018年11月14日　星期三

晴。9℃。南风1级。
水杉林里落的水杉果，绿色，像一
根根棒棒糖。

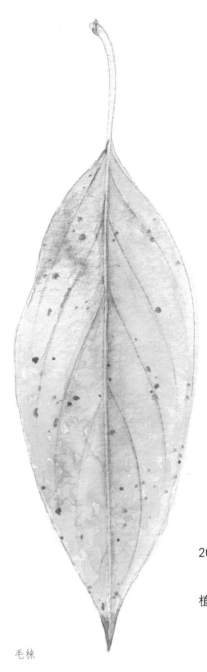

毛梾

2018年11月15日　星期四

植物园里毛梾的叶子落在沿阶草上。

黄栌

2018年11月16日　星期五

昨晚下了小雨，北风3级，一早路上
落满了悬铃木的大片大片的叶子。
黄栌的叶子已经红了。

石楠

2018年11月17日　星期六

植物园里的石楠。

毛叶山桐子

2018年11月18日　星期日

植物园里的毛叶山桐子。

红枫林里聚集了很多人在拍照。枫
叶最美的时节。

山樱系的观赏樱花

2018年11月19日　星期一

山樱系的观赏樱花的叶子。

绿萝

2018年11月20日　星期二

绿萝。

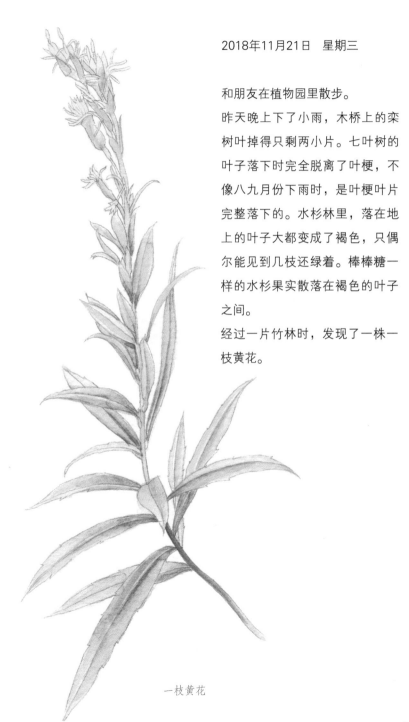

2018年11月21日　星期三

和朋友在植物园里散步。

昨天晚上下了小雨，木桥上的栾树叶掉得只剩两小片。七叶树的叶子落下时完全脱离了叶梗，不像八九月份下雨时，是叶梗叶片完整落下的。水杉林里，落在地上的叶子大都变成了褐色，只偶尔能见到几枝还绿着。棒棒糖一样的水杉果实散落在褐色的叶子之间。

经过一片竹林时，发现了一株一枝黄花。

一枝黄花

菊花

2018年11月22日　星期四

菊花。

2018年11月23日　星期五

在植物园的木桥上走着时发现了一片蝴
蝶槐的落叶。特别的是，从叶片的反面
可以看到一对"小翅膀"。

蝴蝶槐

355

辽东栎

2018年11月24日　星期六

植物园里的辽东栎的叶子落在人行
道上，有的已经变成了褐色，有的
还未完全干枯。

2018年11月25日　星期日

长在路边的美国红梣的幼苗。

美国红梣

苦苣菜

2018年11月26日　星期一

苦苣菜。

橘子

2018年11月27日　星期二

门口菜店里的橘子带着叶子卖。忍不
住摸摸叶片，看上去有塑料的质感。

2018年11月28日　星期三

阴。
植物园里的南天竹，部分叶子已经
变成红色。
连日雾霾。期待阳光灿烂的日子。

南天竹

多花蔷薇

2018年11月29日　星期四

阴。

蔷薇的小红果子。

白背三七

2018年11月30日　星期五

阴。

北方的冬天漫长又萧瑟。走在路上，时常会见到一两粒悬铃木落下来的已经成熟的果实，或是石楠的小红果子，被风吹落的一小截云杉。

十

二

月

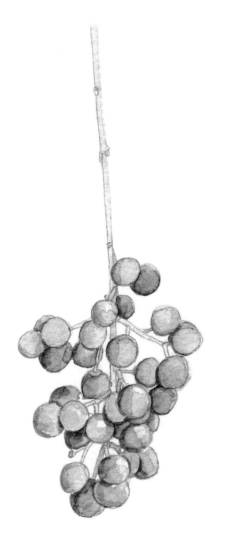

2018年12月1日　星期六

小蜡的果子。

小蜡

国槐

2018年12月2日　星期日

夜里下了一场小雨。国槐的叶子落
了一地，可以说很壮观。椭圆形小
叶子，绿色、黄色、黄绿相间，还
有背面浅白色的。落到车窗上的一
整片叶子。

悬铃木

2018年12月3日　星期一

学校门口悬铃木的叶子又落了好多下来。

橡子

2018年12月4日　星期二

植物园里的槲树，叶子已成褐色。树下落了很多橡子，完整的只找到了两粒，大多数"帽子"已经掉了。有的橡子默默将根扎进土里。

2018年12月5日　星期三

预报的小雪，到中午才勉
强下了一点，更像是很小
很小的雨。

绣线菊

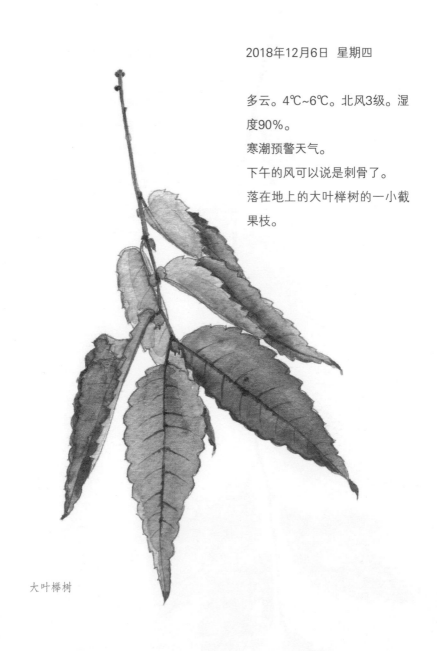

2018年12月6日 星期四

多云。4℃~6℃。北风3级。湿
度90％。
寒潮预警天气。
下午的风可以说是刺骨了。
落在地上的大叶榉树的一小截
果枝。

大叶榉树

爵床

2018年12月7日　星期五　大雪

虽然温度比昨天低，但因为风小，走在路上并不觉得比昨天冷。阳光下可以待一会儿，但站久了还是冷。

在植物园西门入口处，正走着，忽然有微小的水滴落在脸上。好奇地沿着水滴飘来的方向走进去看，原来是游乐场正在造雪。在造雪机的轰鸣声中，游乐场已经落了一层薄薄的雪。

树林里落满各种形状的叶子，踩上去有清脆的响声。偶尔传来几声鸟鸣，但不似秋天时密集了。

林子里有一片爵床，在寒冷天气里绽放着紫色的小花。

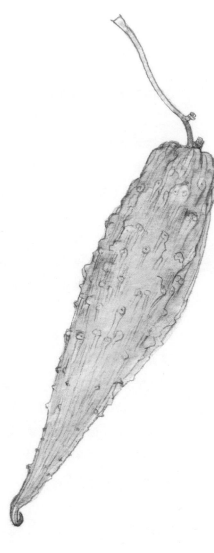

萝藦

2018年12月8日　星期六

晴。最低温度 − 7℃。北风2级。湿度
34％。

小区里的萝藦，干枯的藤蔓攀缘在红
瑞木上。叶子已落尽，一枚枚牛角状
的果子挂在上面。

在小区广场，常常见到小孩们手里拿
着已经裂开的萝藦果，将里面的绒毛
吹到空中。一个个褐色扁平卵状种子
随着白色绒毛飞向四面八方。

在小叶黄杨的树叶上、白皮松的松针
间，甚至房间的纱窗上，经常见到萝
藦长长的白色绒毛和种子。

粗糠树

2018年12月9日　星期日

晴。最低温度－4℃。
植物园里的粗糠树，别名破布子。
不知道名字来源，但枝、叶、果都
很好看的。

2018年12月10日 星期一

多云。−5℃~3℃。
植物园里一小丛菊花正在开花，在
风中瑟瑟发抖。

菊花

繁缕

2018年12月11日　星期二

走在植物园里的一片树林里。
从褐色的落叶堆里冒出来的繁
缕，叶子青翠。

2018年12月12日 星期三

晴。－8℃～－3℃。南风1级。

珍贵的冬日阳光，尤其是在连阴了几天后。

将被褥拿到阳台晾晒。又顺便打扫了一下卫生，甚至想把窗户也擦了。

植物园里鸡屎藤上挂着一串串小红果子。细看，树上的叶子已经掉光了，小果子依然红得透亮。有几粒只剩下半截果皮，像是被鸟啄过。

鸡屎藤

扶芳藤

2018年12月13日　星期四

晴。

植物园里，一只斑鸠在沿阶草丛中觅食。

园丁正在修剪草木。干枯的竹子、将枝叶伸到路上的棣棠，以及枯萎的芒草都被剪掉后成捆地放在小推车上推走。

几位老人坐在竹林边听收音机，听的是刀郎的《2002年的第一场雪》。她们还不时跟着唱两句。

今年还没下过一场像样的雪呢。

而游乐场造的雪可以以假乱真。整个游乐场覆盖着一层厚厚的人造雪。游乐场周围的树木、草地也被波及，雪白的一层，不知道的还真以为下过一场雪。

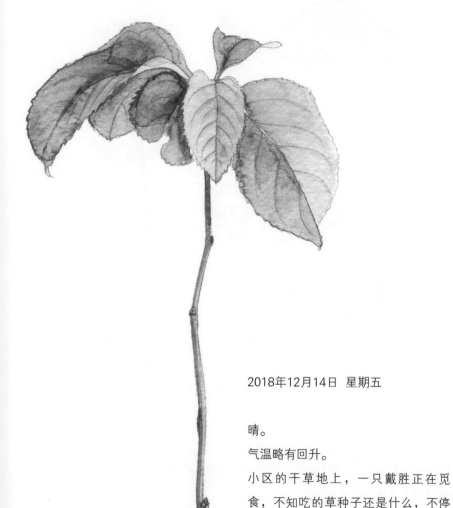

2018年12月14日　星期五

晴。

气温略有回升。

小区的干草地上，一只戴胜正在觅食，不知吃的草种子还是什么，不停地点头，吃得可真香啊！

在枝头上有一小撮叶子的皱皮木瓜。

皱皮木瓜（贴梗海棠）

连翘

2018年12月15日　星期六

晴。

上完课步行回家。一路走了3公里，也没觉得累。只是路上车水马龙，没什么可看的，有点儿无聊。

路边的连翘，果实已经开裂。

棣棠

2018年12月16日　星期日

寒冬里，棣棠绿色的枝条很
好辨认。

夏至草

2018年12月17日 星期一

松林里的树荫下生长的夏至草。夏至草的基部越冬叶较宽大。

"色青，茎方，节节开小白花……"夏至草和夏至有关，但并非在夏至时开花，而是在夏至前后枯萎。

侧柏

2018年12月18日　星期二

侧柏。

小蜡

2018年12月19日　星期三

今天的植物园里落下的小蜡的枝叶。

一只斑鸠悠闲地在沿阶草丛中觅食。

蜡梅

2018年12月20日　星期四

植物园里的蜡梅盛开，远远就闻得
到它的清香。

老年摄影组的老人们在蜡梅边上支
着三脚架拍照。有一位老人专门拍
逆光的蜡梅，边拍照边激动地对同
行的人说："快来看，这个角度太
好看了！"我也试着拍过蜡梅，也
觉得逆光拍的时候更好看。

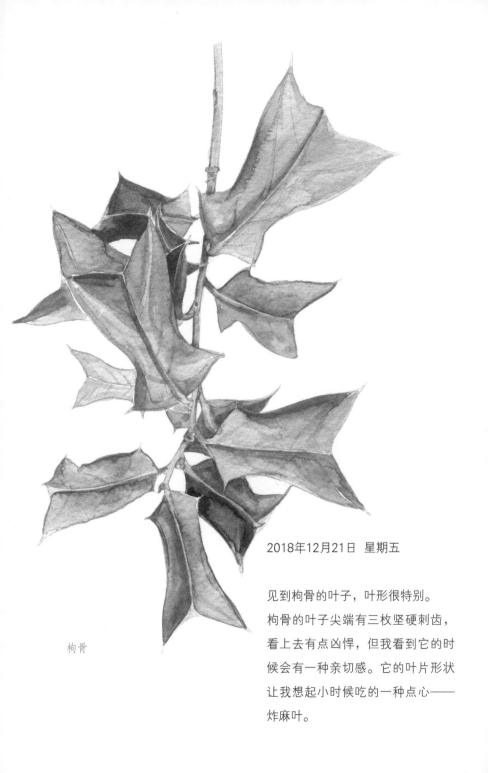

枸骨

2018年12月21日 星期五

见到枸骨的叶子，叶形很特别。
枸骨的叶子尖端有三枚坚硬刺齿，
看上去有点凶悍，但我看到它的时
候会有一种亲切感。它的叶片形状
让我想起小时候吃的一种点心——
炸麻叶。

蚊母

2018年12月22日　星期六　冬至

今日冬至，饺子馆里排队的人很多。
植物园里的蚊母树，蒴果开裂着，里面
的种子清晰可见。

圆柏

2018年12月23日　星期日

圆柏。

木绣球

2018年12月24日　星期一

在大明湖公园里散步，先是被八角
金盘吸引，无意中发现了低垂的木
绣球的花蕾。
今年木绣球开花时没赶上花期，去
看的时候，花已经凋谢，只看到了
落了一地的白色花瓣。

2018年12月25日 星期二

粗榧，工整地长在路边。

粗榧

2018年12月26日　星期三

晴天，阳光很好。

八角金盘的花已经落了，果实还未
完全成熟。初结的果子绿色，上面
有白斑。随着时间的推移颜色逐渐
变深，直至完全成熟，变成黑色。

八角金盘

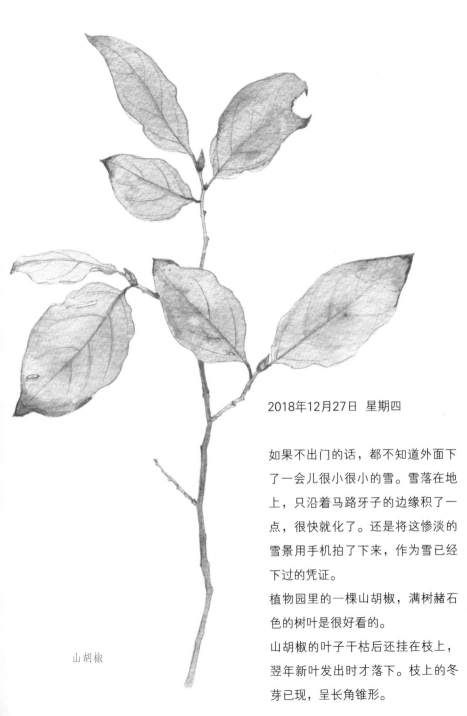

山胡椒

2018年12月27日 星期四

如果不出门的话，都不知道外面下
了一会儿很小很小的雪。雪落在地
上，只沿着马路牙子的边缘积了一
点，很快就化了。还是将这惨淡的
雪景用手机拍了下来，作为雪已经
下过的凭证。

植物园里的一棵山胡椒，满树赭石
色的树叶是很好看的。

山胡椒的叶子干枯后还挂在枝上，
翌年新叶发出时才落下。枝上的冬
芽已现，呈长角锥形。

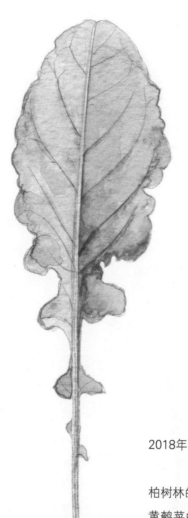

2018年12月28日　星期五

柏树林的浓荫下生长着的黄鹌菜。
黄鹌菜的叶子提琴状羽裂，颜色碧绿，
寒冷冬日里难得的一点勃勃生机。

黄鹌菜

2018年12月29日 星期六

艾草

稀疏地长在树荫下的艾草。

侧柏

2018年12月30日　星期日

侧柏的扁平状小枝落了很多在地上。
枝上的果子已经成熟开裂。随意捡起
一小枝仔细端详，都十分好看。

附地菜

2018年12月31日　星期一

漫漫长冬，柏树的浓荫下生长着正
在过冬的附地菜幼苗。